生物入侵

知识问答

Knowledge Question-Answering
of Biological Invasion

赵彩云　李俊生　宫　璐　赵相健／主编

中国环境出版集团·北京

图书在版编目（CIP）数据

生物入侵知识问答 / 赵彩云等主编 . -- 北京：中国环境
出版社，2016.9（2021.11 重印）
ISBN 978-7-5111-2827-0

Ⅰ.①生… Ⅱ.①赵… Ⅲ.①生物—外来种—侵入种
—问题解答 Ⅳ.① Q16-44

中国版本图书馆 CIP 数据核字 (2016) 第 116322 号

出 版 人 武德凯
策划编辑 王素娟
责任编辑 赵楠婕
责任校对 任 丽
装帧设计 岳 帅
出版发行 中国环境出版社
          （100062 北京市东城区广渠门内大街16号）
          网   址：http://www.cesp.com.cn
          电子邮箱：bjgl@cesp.com.cn
          联系电话：010-67112765（编辑管理部）
                   010-67162011（第四分社）
          发行热线：010-67125803，010-67113405（传真）
印   刷 北京中科印刷有限公司
经   销 各地新华书店
版   次 2016年11月第1版
印   次 2021年11月第2次印刷
开   本 880×1230 1 / 32
印   张 4.125
字   数 100千字
定   价 38.00元

编委会
COMMITTEE

前　言
FOREWORD

　　自查尔斯·埃尔顿 1958 年在《动植物入侵生态学》一书中首次提出生物入侵以来，外来入侵物种逐渐被人类认识并引起关注。随着全球化进程的快速发展，生物入侵的威胁日益严重，外来入侵物种已经成为导致生物多样性丧失的主要因素之一。

　　外来入侵物种是全球经济一体化等人类活动的产物，物种的引种与社会发展密不可分，然而由于人类对外来种知识的缺乏、防控意识的淡薄，导致大量外来物种入侵事件广泛发生，一旦发现造成危害已经难以控制，因此防止外来物种入侵是最经济、最有效的管理方式。外来入侵物种的防控管理需要公众的积极参与，从生活中的一点一滴做起，防止外来入侵物种的传入与扩散。《生物入侵知识问答》一书试图以简单明了的提问、开门见山的回答、通俗易懂的文字、图文并茂的方式向公众介绍生物入侵的相关概念、基础理论和科学常识，以便公众了解外来入侵物种的真面目，并推动公众积极参与到外来入侵物种的防范与管理中，为我国生物多样性保护和可持续利用贡献力量。

　　围绕生物入侵主题，本书从基本概念、基础知识、入侵过程、入侵理论、生物入侵对生物多样性的影响、生物入侵对人类活动的影响、外来入侵物种防控、外来入侵物种管理、公众参与防控外来入侵物种等几个方面介绍了相关知识，并提供了部分外来入侵物种名单名录。本书中对于生物入侵的相关概念尽可能地采用世界自然保护联盟（IUCN）的定义或目前已经被广泛接受的叙述。选择在我们日常生活中可能遇到的有关生物入侵的问题和知识，以解答的方式结合生动的例子，尽可能简明扼要地让读者在阅读的同时轻松掌握生物入侵的相关知识。

本书在编写过程中，很多专家提出了很好的修改完善意见，中国环境科学研究院生物多样性研究中心张风春博士、肖能文博士等通篇阅读本书并提供了建议和意见，柳晓燕在编辑过程中做了大量工作，在此一并表示衷心的感谢。

本书的出版得到环境保护部事业经费项目"生物多样性保护专项——生物安全风险评估"和国家重点研发计划"生物安全关键技术研发"重点专项"主要入侵生物生态危害评估与防制修复技术示范研究（2016YFC1201100)的资金资助，在此表示深深的谢意。

由于时间仓促、知识有限，本书难免有不足之处，欢迎广大读者批评指正，也欢迎针对大家日常生活中遇到关于生物入侵知识的困惑提出相应条目，以便我们进一步修改和完善。相关建议或意见请发邮件至赵彩云博士邮箱（zhaocy@craes.org.cn）或者赵相健博士邮箱（zhaoxj@craes.org.cn）。

编者

2016 年 2 月

目 录
CONTENTS

入侵过程   27

外来入侵物种防控   56

基本概念

1. 什么是外来种?

外来种 (alien species or exotic species）, 也可称之为非本地物种 (non-indigenous species）或引入种 (introduced species）, 世界自然保护联盟（IUCN）将其定义为那些出现在其过去或现在的自然分布范围及扩散潜力以外的区域（即在其自然分布范围以外, 或在没有人类直接或间接引入或照顾之下不能存活）的物种、亚种或以下分类单元, 包括其所有可能存活、继续繁殖的部分。外来种常常经由人为有意或无意引进, 即那些借助于人为作用而跨越自然不可逾越的空间障碍, 在新栖息地生长繁殖并建立稳定种群的物种。"外来"不是以国界来区分, 而是相对于一个生态系统而言, 是指在该生态系统中原来没有这个物种的存在, 而是借助人类或其他生物活动越过不能逾越的空间障碍而进来的物种。外来种可能是对人类有益的, 也可能是有害的。

2. 什么是入侵种?

Valery 将入侵种 (invasive species) 定义为那些通过传播扩散在相邻或相近新生境中定植并成为优势种的本地和外来种的统称, 这些物种对当地生态系统或景观造成明显损害或影响。入侵物种包括本地入侵种和外来入侵种, 入侵种强调的是其对生态系统的影响强度, 通常意义上入侵种可能造成生态系统功能的缺失或者改变。

3. 什么是外来入侵种?

根据世界自然保护联盟（IUCN）的定义, 外来入侵种 (invasive

alien species) 是指在从自然分布区通过有意或无意的人类活动而被引入的，在当地自然或半自然生态系统或生境中形成了自我再生能力，并给当地的生态系统或景观造成明显损害或影响的物种、亚种或以下的分类单元。

外来入侵种具备 4 个必要条件：①不是本地物种；②与人类活动有关；③已建立自然种群；④造成生态、经济、人类健康等危害。外来入侵物种既包括来自一个国家外部的入侵物种，也包括来自一个国家内部其他地区的入侵物种。其严格意义是对生态系统而言，一个经过长期进化形成的生态系统，其中的物种经过长期的竞争、排斥、适应和互利互助，形成一个相互依赖又相互制约的密切关系。而一个外来种引入后，有可能打破原有平衡，改变或破坏当地的生态环境。

目前，在不做特殊说明的情况下，外来入侵物种通常是指来自国外的入侵种。

图 1　外来入侵物种
注：紫茎泽兰 (*Eupatorium adenophorum*)（左上）、飞扬草 (*Euphorbia hirta*)（中上）、小蓬草 (*Conyza canadensis*)（右上）、含羞草 (*Mimosa pudica*)（左下）、刺芹 (*Eryngium foetidum*)（中下）、藿香蓟 (*Ageratum conyzoides*)（右下）　（赵彩云摄）

4. 什么是本地入侵种?

本地入侵种 (invasive indigenous species) 是指本地物种通过传播扩散占领相邻新生境,并给当地生态系统造成严重危害的土著种。也常常指在一个国家或地区范围内不同地区之间由于人类活动一个地区的物种传播到另一个地区形成入侵而成为本地入侵种。

5. 什么是归化?

生物学上归化(naturalization)是指非本地生物体(non-native organism)扩散到自然环境并形成自我维持种群的过程。植物的归化往往是指在没有人类干预下,可以通过种子或能独立生长的无性系分株更新并形成自我更新种群。有些种群自身不能维持繁殖,但有持续的繁殖体传入,比如一些引入的作物,不能称之为归化。

6. 什么是归化物种?

归化物种 (naturalized species) 是指扩散到自然生境并形成自我维持种群的外来种。归化物种如果丰富度增加并对当地的动植物造成危害就会成为入侵物种。根据传入或侵入的途径,归化植物可分为三类:一类是自然归化,此类植物来历不十分清楚,是自然迁移进来并归化成为野生种,这是最典型的归化植物。例如,加拿大飞蓬 (*Erigeron canadensis*)、飞机草 (*Eupatorium odoratum*)、美国鬼针草 (*Bidens* sp.)、狗舌草 (*Tephroseris kirilowii*)、一年蓬 (*Erigeron annuus*) 等。

另一类是人为归化植物，是指将可作为牧草、饲料、蔬菜、药用或观赏等的植物有意地引入，经过栽培驯化成为家生状态的植物。这种归化植物同自然归化植物的区别在于来历较为清楚，而且都是人为栽培的。常见的如牧草和饲料中的紫苜蓿 (*Medicago sativa*)、三叶草 (*Trifolium pratense*)、白三叶草 (*Trifolium repens*)、燕麦 (*Avena sativa*) 等；蔬菜和药用植物中的马铃薯 (*Solanum tuberosum*)、

图 2　形成入侵的自然归化外来种
注：飞机草丛（上图）和飞机草植株（下图）（赵彩云摄）

番茄 (*Lycopersicon esculentum*)、菊芋 (*Helianthus tuberosus*)、广木香 (*Saussurea lappa*)、穿心莲 (*Andrographis paniculata*) 等；行道树和观赏植物中的悬铃木 (法国梧桐)(*Platanus orientalis*)、刺槐 (*Robinia pseudoacacia*)、山樱花 (*Cerasus serrulata*)、紫茉莉（*Mirabilis jalapa*）等；热带、亚热带经济植物中的三叶橡胶 (*Hevea brasiliensis*)、剑麻 (*Agave sisalana*) 等。

图 3　人为归化植物
注：番茄（上图，引自 www. bing.com）和紫茉莉（下图，赵彩云摄）

第三类是史前归化植物，这类植物的来历全不清楚，但它们总是伴随着某些人为活动而分布着，常见于农田和住房周围。比如车前 (*Plantago* spp.)、荠菜 (*Capsella bursa-pastoris*)、酢浆草 (*Oxalis corniculata*)、萹蓄 (*Polygonum aviculare*) 和碎米莎草 (*Cyperus iria*) 等。

图 4 史前归化物种
注: 车前（下图）和荠菜（上图）（刘文慧摄）

需要注意的是，虽然归化物种大多数不一定形成入侵，但是也有部分归化物种在漫长的演化中转变为入侵物种，如飞机草和一年蓬虽然是自然归化物种，但是它们广泛分布在我国各类生境并形成单一优势群落对自然生态系统或生物多样性造成威胁，因此被列入了环境保护部的三批外来入侵物种名单中。

7. 什么是本地种?

本地种(native species),也可称之为土著种(indigenous species)或当地物种(local species),根据世界自然保护联盟(IUCN)定义,是指那些出现在其过去或现在的自然分布范围及扩散潜力以内(自然分布区及其自然扩散范围内,或在没有人类直接或间接引入或照顾的情况下而可以出现的范围内)分布的物种、亚种或以下的分类单元。其在该地的分布纯粹是自然因素造成的,没有人为因素夹杂其中。本地种由于地理、地貌和气候等因素的影响,每个物种都被限制在一定的生态区域内生存发展。

8. 什么是栽培种?

栽培种(cultivated species)是指那些引入到一个新的平衡生态系统的外来种,可能因不适应新环境而被排斥,必须依靠人类的帮助才能生存,这类外来种称之为栽培种。

9. 什么是逸生植物?

逸生植物(feral plant)是指栽培作物通过自然选择适应当地的环境,在野外形成自我更新的种群。逸生植物强调从栽培状态转变为野生状态的过程,逸生植物可以是外来植物,也可以是本土植物。

图 5　逸生植物
注：还未开花的矢车菊 (*Centaurea diffusa*)（上图）（宋文娟摄）
和垂序商陆 （*Phytolacca americana*） （赵彩云摄）

10. 什么是生物入侵？

生物入侵（biological invasion）是指某种生物从原来的分布区域扩散到一个新的地区，并在新的区域里繁殖、扩散并持续维持，且对入侵地的生物多样性、生态系统，甚至人类健康造成经济损失或生态灾难的过程。

基础知识

11. 生物入侵的概念最早是如何提出来的?

虽然早在《物种起源》中达尔文就描述了生物入侵现象,然而并没有明确提出生物入侵的概念。查尔斯·埃尔顿(Charles Elton)1958年出版的《动植物入侵生态学》(*The Ecology of Invasions by Animals and Plants*)一书中首次提出了生物入侵概念,将其定义为某种生物从原来的分布区域扩散到一个新的(通常也是遥远的)地区,在新的区域里,其后代可以繁殖、扩散并持续维持下去。该书综述了生物入侵的各个方面,阐述了人类所面临的物种入侵和生态系统因入侵而改变的现实与后果。查尔斯·埃尔顿被誉为入侵生物学的奠基人。该书与《寂静的春天》相提并论,被认为是了解未来环境灾难必读之书。

12. 入侵种与本地种的主要区别是什么?

入侵种与本地种均是针对一个生态系统而言的,一个稳定的生态系统是经过成百上千年的长期演化形成,其中的动植物适应了当地的自然地理气候条件,其物种之间形成复杂的相互作用关系,使得生态系统能够自我维持。本地种在长期进化过程中成为生态系统中的一个功能群,它们在生态系统中占据一定的区域或生境,已经成为当地动植物区系的组成部分。入侵种包括本地入侵种和外来入侵种,它们一旦进入自然分布范围以外的生态系统中,就能快速繁殖,并对当地生态或者经济造成破坏,扰乱已有的生态系统平衡。入侵物种常常会造成本地物种多样性不可弥补的损失或一些物种的灭绝,形成对生物多样性保护与持续利用及人类生存环境的重大威胁。

13. 外来种与外来入侵种一样吗？

外来种并不等于外来入侵种，比如我国广泛种植的经济作物和观赏植物，如番茄、胡椒 (*Piper nigrum*)、胡萝卜 (*Daucus carota*) 等都是外来种，但是它们不是入侵种。判断一个外来种是否是外来入侵种，首先要看其在进入新的生态系统后是否达到一定程度的优势，并破坏了生态系统平衡，威胁了本地物种的生存。有些外来种到达新生境后由于水土不服未形成自然种群也不能称为外来入侵物种。其次要看该物种是否对社会经济和人类健康构成了不同程度的影响。所以，区别外来种与外来入侵种的关键在于这个物种是否对生态系统、社会经济和人类健康构成威胁。

14. 我国目前有多少外来入侵物种？

我国是生物多样性丰富的地区，同时也是遭受外来种入侵的主要区域。2001 年 12 月，环境保护部（原环保总局）组织的首次全国范围内的外来种入侵调查中初步摸清中国有 283 种外来入侵种。在 2008—2010 年环保部组织第二次全国外来入侵物种调查中，通过文献调研、野外调查、专家咨询相结合的方式，查明我国有外来入侵种 488 种，两次调查均以原产地在国外的外来入侵生物为调查对象。第二届国际生物入侵大会上发布数据表明截至 2013 年，我国有外来入侵物种 544 种。在 2013 年马金双主编的《中国入侵植物名录》中全面收录了文献中描述为入侵物种的植物 806 种，通过核定将其分为 7 级，除去第 6 等级（建议排除类）和第 7 等级（中国国产类）后的外来入侵植物为 515 种。万方浩等最新公布中国目前已确定有外来入侵物种 560 种。

各个部门为了加强入侵物种管理提出了相应的入侵物种名单，2013年农业部公布了第一批（52种）"国家重点管理外来入侵物种名录"；截至2016年，环保部共公布了3批外来入侵物种名单，包含53种外来入侵物种。中国生物入侵研究起步较晚，缺乏详细的记录，未来随着中国经济的快速发展，外来入侵种会越来越多，目前每年至少有1～2种外来种被发现，在未来还有可能有更多外来入侵种被包括在名单中。

15. 历史上有哪些典型的外来入侵物种案例？

外来入侵物种有些是被有意引种后扩散蔓延形成入侵。比如最典型的案例就是凤眼莲（*Eichhornia crassipes*，即我们俗称的"水葫芦"）在世界各国的入侵。1884年，美国新奥尔良的博览会上参展的凤眼莲，其原产于南美洲委内瑞拉，由于其花朵艳丽无比，受到世界各国人们的喜爱，并将其作为观赏植物带回了各自的国家，自此繁殖能力极强的凤眼莲便成为各国大伤脑筋的头号有害植物。凤眼莲遍布非洲尼罗河、泰国湄南河、美国南部沿墨西哥湾内陆河流水道、我国的云南滇池等世界各地水域，凤眼莲入侵后密布整个水域，堵得水泄不通，导致船只无法通行，鱼虾绝迹，还导致河水臭气熏天，部分入侵水域被指称患上了"生态癌症"。动物入侵的典型例子是澳大利亚的兔子，1859年英国人托马斯·奥斯汀从外国弄来24只兔子，并放养了13只，这些没有天敌制约的兔子在自然界快速繁殖，1880年兔子影响到了南澳地区的畜牧业，到19世纪90年代，兔群到达西澳，为了阻拦兔群，人们甚至修了栅栏，但于事无补，兔子还是在迅速蔓延，1950年澳大利亚兔子达到了5亿只，庄稼和草地受到了极大的损失。类似物种还有互花米草（*Spartina alterniflora*）、小龙虾（*Procambarus clarkii*，即克氏原螯虾）、巴西龟

(*Trachemys scripta elegans*) 等。

　　还有部分外来入侵物种通过无意识的人类活动被带入新的生境形成入侵。最典型的案例就是斑马贻贝 (*Dreissena polymorpha*) 入侵到北美。生活在东欧和西亚的斑马贻贝随着远洋货轮的压舱水被无意携带到北美，并在北美五大湖定居蔓延，该种 1988 年在五大湖区被发现，几年后就侵占整个五大湖地区，并入侵美国五大湖以外的淡水流域和内陆湖泊。斑马贻贝堵塞管道、排挤当地物种，对水力发电、居民饮水、水产养殖、水上旅游等造成巨大损失。斑马贻贝的入侵引起美国政府的重视，1990 年通过了著名的《外来有害水生生物预防与控制法》（NSNPCA）。类似物种如松材线虫 (*Bursaphelenchus xylophilus*)、豚草 (*Ambrosia artemisiifolia*)、红火蚁 (*Solenopsis inricta*) 等都属于无意引种而暴发造成生态危害。

图 6　澳大利亚兔子（上图，引自 www.bing.com）和凤眼莲（下图，于胜祥摄）

图 7　松材线虫危害（左图，张润志摄）和豚草（右图，邓贞贞摄）

16. 我们常见的植物中哪些是外来种？

从名称上看中国现有植物中有三个系列的植物均为外来种，它们分别是"胡系列""番系列"和"洋系列"。"胡系列"有胡瓜 (*Cucumis sativus*)、胡萝卜、胡桃 (*Juglans regia*，又称核桃)、胡椒等；"番系列"有番茄、番薯 (*Ipomoea batatas*，又称红薯)、番石榴 (*Psidium guajava*)、番西莲 (*Dahlia pinnata*)、番木瓜 (*Carica papaya*) 等，"洋系列"包括洋葱 (*Allium cepa*)、洋姜 (*Helianthus tuberosus*)、阳芋（*Solanum tuberosum*，又称马铃薯、土豆）等。据考证，"胡系列"多为两汉至西晋时期由西北陆路引进；"番系列"多由南宋至元明时期由"番舶"带入；"洋系列"主要由清代乃至近代引入。

17. 外来种都是有害的吗？

外来种并不都是有害的，很多外来蔬菜和粮食作物的引入，极大地丰富中国饮食品种，比如胡萝卜原产于印度、莴苣 (*Lactuca sativa*) 原产于西亚、辣椒 (*Capsicum annuum*) 原产于美洲，芝麻 (*Sesamum indicum*) 原产于非洲南部热带草原，番茄原产于南美洲，这些物种的引进促进了我国饮食文化的发展。另外还有粮食作物马铃薯原产于南美洲，药用植物芦荟 (*Aloe vera*) 原产于地中海、非洲地区。这些外来种的引入促进了我国的经济发展，而且部分物种如马铃薯被列为我国的主要粮食作物之一。

18. 我国的外来入侵物种主要来自哪些国家或地区？

我国的外来入侵物种大约一半以上来自美洲，包括我国很著名的外来入侵物种紫茎泽兰、豚草、三裂叶豚草 (Ambrosia trifida)、飞机草、黄顶菊 (Flaveria bidentis)、凤眼莲、马缨丹 (Lantana camara)、克氏原螯虾、松材线虫、烟粉虱 (Bemisia tabaci)、美国白蛾 (Hyphantria cunea)、稻水象甲 (Lissorhoptrus oryzophilus) 等，这些物种均对我国生态环境，甚至经济生产带来严重危害。来自欧洲的外来入侵生物约占 18%，包括毒麦 (Lolium temulentum)、欧洲千里光 (Senecio vulgaris)、假高粱 (Sorghum halepense)、豌豆象 (Bruchus pisorum)、小家鼠 (Mus musculus) 等外来入侵物种。来自亚洲除中国之外的其他地方的外来入侵生物占总数的17.28%。来自其他各洲的外来入侵物种相对较少。

依据全球入侵物种数据库（http://www.issg.org.database/welcome）中全球入侵物种计划（GISP）的数据分析结果也同样发现，中国与美国共有的外来入侵物种数量最多，达 60 余种；其次为日本，共有相同的外来入侵物种达 50 余种。

19. 为什么海关需要进行严格的检验检疫？

外来入侵物种是导致生物多样性丧失的主要因素之一，而外来入侵物种入侵的主要通道之一就是通过国际贸易、国际旅行等社会经济活动，由人类有意或无意地携带入境从而造成入侵。查尔斯•埃尔顿（Charles Elton）1958 年在《动植物入侵生态学》中提到几个例子：一个从埃及回到北美的朋友，发现衬衫扣子中孵化出了一些小甲虫，后来发现这种扣子的原材料是一种棕榈树的坚果，甲虫的幼虫一直生活在其中。类似的另一件事情是一个法国宇航员 Leopold Trouvelot 研究各种各样的蚕，并且把一些欧洲舞毒蛾 (Lymantria dispar) 的卵带回到马萨诸塞州的家里，结果一些卵或幼虫偶尔散失出去，一度成为新英格兰主要害虫并造成灾害，对英格兰的森林、花园和果园造成威胁。由此可见，外来入侵物种是如此轻易就可以借助人类活动跨越各种自然屏障。

随着中国改革开放程度不断深化，国际往来增加了外来生物无意或有意引入中国的机会。如陕西省1984年发现的美国白蛾就是随着工业包装箱经铁路运输从朝鲜传入的，2005年张家港检验检疫局从来自喀麦隆的原木中截获红火蚁活虫，另外一些外来植物常常携带外来入侵昆虫入境，比如刺槐叶瘿蚊 (*Obolodiplosis rohiniae*)、杨干象 (*Cryptorrhynchus lapathi*)、刺桐姬小蜂（*Quadrastichus erythrinae*）主要随着苗木的引进无意携带到中国。这些物种入侵后对我国生物多样性造成极大的危害。而海关检验检疫是阻止外来种入侵的第一道关口，是外来入侵物种防治管理中最关键的一环，加之有意或无意携带这些具有潜在入侵物种的人们，由于防范意识不强，缺乏相关知识等原因，往往会成为外来入侵物种的潜在携带者，因此必须加强海关的严格检疫把关。

图8 红火蚁的幼虫（上图）和红火蚁成虫（下图）（张润志摄）

20. 为什么控制外来入侵物种需要全球合作?

外来种入侵的范围是全球性的,在地球上所有类型的生态系统中均发现外来入侵物种存在。

从外来入侵物种的发生原因来看,其一,随着全球经济一体化的进程,全球居民移动性增长,随着他们所运输货物的增加,全球的物种移动性也迅速增加。尤其是随着交通运输工具的日益发达,包装材料、压舱水和货物都成为物种传播扩散的载体。其二,生物产品的贸易量日益增加,也促进了潜在入侵物种的快速扩散。其三,全球化贸易和国际互联网让国际贸易越来越便利,利用互联网买卖种子和其他生物体让物种在不同地区或国家之间的传播更为便利。

从外来入侵物种的管理来看,控制物种的进、出口必须受到各国政府更多的关注,各国加强海关检验检疫,同时对引进的物种进行严格管理,才能共同控制外来入侵物种扩散蔓延。对于同一个物种的控制更需要全球的合作,比如互花米草的防控,如果仅一个区域开展防控管理工作,可能无法避免相邻或者其他地区的互花米草重新扩散而形成二次入侵,由此可见控制外来入侵物种也需要不同地区、不同国家通力合作。

从外来入侵物种科学研究来看,研究外来入侵物种的入侵机制,需要掌握外来入侵物种在原产地的生物学特征、分布状况,对比其在入侵地的分布状况、生物学特征变化,研究其适应进化及其入侵机制;在生物控制中往往需要从原产地筛选合适的专性天敌,这些都需要国际合作才能完成。

由此可见,外来入侵物种是一个全球性的课题,需要全球合作。

21. 《生物多样性公约》中有没有外来入侵物种相关议题？

外来入侵物种防控属于《生物多样性公约》中的特殊议题。《生物多样性公约》规定缔约方或利益相关者履行《生物多样性公约》的义务之一就包括"防止引进威胁生态系统、栖息地和物种的外来种，对已经引进并造成危害的外来入侵物种进行有效的控制和消除"。

22. 《生物多样性公约》中对外来入侵物种提出哪些指导原则？

2002 年 4 月在荷兰海牙举行的《生物多样性公约》第六次缔约方大会（COP 6），外来种入侵问题是第六次缔约方大会的主题之一，通过了《关于对生态系统、生境或物种构成威胁的外来种的预防、引进和减轻其影响问题的指导原则》，该文件旨在为各国政府和组织制订尽可能限制外来种入侵的传播和影响的有效战略提供明确的指导，提出包括关于预防有意和无意引入以及减轻影响的 15 项指导原则：

指导原则 1：预先防范方法

指导原则 2：三阶段分级处理方法

指导原则 3：生态系统方法

指导原则 4：国家的作用

指导原则 5：研究和监测

指导原则 6：教育和提高公众意识

指导原则 7：边界控制和检疫措施

指导原则 8：信息交流

指导原则 9：合作，包括能力建设

指导原则 10：有意引进

指导原则 11：意外引进

指导原则 12：减轻影响

指导原则 13：根除

指导原则 14：遏制

指导原则 15：长期控制措施

23. 爱知目标中对外来入侵物种的管理要求是什么？

在日本召开的第 10 次生物多样性缔约方大会中提出了联合国生物多样性 2020 年目标，即爱知目标，其中目标 9 针对外来入侵物种管理提出："到 2020 年，查明外来入侵物种及其入侵路径并确定其优先次序，优先物种得到控制或根除，并制定措施对入侵路径加以管理，以防止外来入侵物种的引进和种群建立"。其内涵是提醒人们外来入侵物种对生物多样性和生态系统服务造成的巨大危害，而且随着贸易和旅游等的发展，这种危害还在加大。外来入侵物种的入侵路径包括引种，随交通工具、货物、物品等传入，随船只压舱水带入，自然扩散等。通过完善风险评估体系，加强边境控制和检疫措施，可管理外来入侵物种的入侵路径。监测这一目标需要掌握压力、响应和状态等方面的信息，特别是重要外来入侵物种的种类、分布和影响等数据。

24. 国际生物多样性日活动中与外来入侵物种相关主题有哪些？

联合国大会于 2000 年 12 月 20 日通过第 55/201 号决议，宣布每年的 5 月 22 日为"国际生物多样性日"，以增强公众对生物多样性问题的理解和认识。迄今为止，国际生物多样性日活动中两次以外来入侵物种为主题，21 世纪第一个国际生物多样性日的主题就被定为"生物多样性与外来入侵物种管理"（2001 年），2009 年"外来入侵物种"再次被定为国际生物多样性日的主题。这表明人类开始广泛地关注外来入侵物种及其对生物多样性造成的影响。

25. 为什么岛屿国家或地区更容易遭受生物入侵?

岛屿国家或地区由于海洋导致的地理隔离，限制了岛屿生物多样性的发展，同时也使岛屿生物与大陆生物缺少基因交流，岛屿生物以特殊方式进化，无须经历大陆物种面对的激烈竞争，因此也造就了岛屿独特的动植物，以及岛屿比较脆弱的生态系统。相对于大陆物种，岛屿生态系统中的物种具有基因库小，体型较小的特点。因此一旦外来种入侵到岛屿生态系统，很容易打破岛屿生态系统原有的生态平衡，其土著物种竞争力小，很容易被外来入侵物种挤占生存空间。而外来种入侵岛屿会造成严重的后果。比如自 1600 年以来，世界范围内发生的动物灭绝，其中 75% 是岛屿物种。这些物种灭绝与生物入侵有千丝万缕的联系。夏威夷和其他太平洋岛屿由于入侵物种导致的物种灭绝事件而引起人们的极大关注。因此岛屿国家很重视外来入侵物种，比如新西兰、澳大利亚等国家制定严格的海关检验检疫措施，防止外来种入境。

26. 什么是全球外来入侵物种项目?

全球外来入侵物种项目（Global Invasive Species Program， GISP）

是 1997 年世界环境问题科学委员会（SCOPE）和联合国环境规划署共同发起的，这是目前为止防治外来物种入侵最大的全球性国际合作项目，出资方就是其合作伙伴—政府、政府间组织、非政府组织、学术机构以及私有部门，它是由科学家、经济学家、法学家、社会学家、保护管理学家和资源管理者组成的联盟。全球入侵物种项目目的在于采用多学科、预防性和综合性的措施保护生物多样性和维持人类的生存，使外来入侵物种的传播和影响最小化。2001 年全球入侵物种项目完成了两份颇有影响的文件：《外来入侵物种全球战略》（McNeely et al., 2001）和《外来入侵物种：最佳预防和管理实践手册》（Wittenberg et al., 2001）。

27. 我国为何容易遭受生物入侵？

我国容易遭受生物入侵不仅仅与地理因素有关，也与人们对外来入侵物种的认识有关。

首先，我国从北到南跨越 50 个纬度，5 个气候带：寒温带、温带、暖温带、亚热带和热带。多样的生态系统使来自世界各地的大多数外来种都可能在中国找到合适的栖息地，因此中国容易遭受入侵生物的侵害。

其次，我国对外来入侵物种的认识普遍不足：①生态安全性意识比较薄弱，对外来种危害的认识局限于病虫害和杂草等造成严重经济损失的物种，没有意识到或者不重视外来种对当地自然生态系统的改变和破坏。为追求经济效益，普遍认为"外来的和尚好念经"，盲目引种，导致大量外来入侵物种长驱直入，比如用于保滩护岸的互花米草、用于造纸的桉树林等。②缺乏引种前生态风险评估机制和引种后的监测监管。由于追求经济效益，匆忙引进各类动植物，引种前缺乏充分系统的科学评估、预测。引种后缺乏监测机制，发生生态灾害时，已是为时已晚。如作为猪饲料引种的水葫芦，目前在我国广泛分布，每年耗费大量的人力物力进行治理。③检验检疫标准、技术有待提升。检验检疫是防止外来种入侵的第一道防线，目前的检验检疫对象主要是病虫害和杂草，对生态环境有重要影响的物种往往被忽略，随着经济的快速发展，检疫的名单也需要及时更新，准确、快速的检疫技术也有待提升。④对外来入侵物种处理不当。外来入侵物种通常具有繁殖能力强的特征，在对外来入侵物种处理过程中随意堆放或无序处置反而会促进外来入侵物种的扩散传播，比如将受蔗扁蛾 (*Opogona sacchari*) 严重危害的巴西木作为垃圾堆放在园艺场地，这些巴西木反而成为蔗扁蛾的扩散源，危害周围的其他农作物或观赏植物。

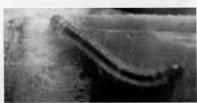

图 9　蔗扁蛾危害巴西木（鞠瑞婷摄）

28. 在哪里能够了解到更多有关外来入侵物种的信息？

国际上著名的生物入侵网站包括全球入侵物种数据库、入侵生物信息管理系统和美国入侵物种官方网站。

全球入侵物种数据库（http://www.iucngisd.org/gisd/）由美国全球入侵物种计划（GISP）的全球入侵物种专家组建立，该数据库分为物种数据库和文献数据库两大部分。此数据库以威胁生物多样性的入侵物种为焦点，收集了包括物种的生物学、生态学特征、本地和外来种的分布范围等信息。

美国农业部国家外来种信息中心的入侵生物信息管理系统（National Invasive Species Information Center，NISIC）（http://www.invasivespeciesinfo.gov）是 2005 年美国农业部国家农业图书馆建立的，该网站是提供入侵物种信息服务的门户。包括植物害虫名单（APHIS Regulated Plant Pest List）、联邦有害杂草数据库（FNW）和北美外来节肢动物数据库（NANIAD）。

美国入侵物种官方网站（National Invasive Species Council，NISC）（https://www.doi.gov/invasivespecies），该网站也是美国国家入侵物种委员会的站点，网站信息包括入侵生物的危害和联邦政府的相应防控措施，与其他组织机构的链接，并且该站点提供了非常全面的数据库链接服务，其中包括美国的数据库 12 个和国际数据 7 个。

其他相似的网站包括"国际农业和生物科学中心"（Centre for Agriculture and Biosciences international，CABI）（http://www.cabi.org/isc）、"水生、湿地和入侵植物信息检索系统"（UF/IFAS center for Aguatic and Invasive plants）（http://plants.ifas.ufl.edu/）、"澳大利亚国家杂草网"（http://www.weeds.org.au/）"欧洲入侵种信息网络"

（Delivering Alien Invasive Species Inventories for Europe，DAISIE）（www.
europediens.org）、"大自然协会全球入侵种团队"（Global Invasive
Species Team，GIST）（http://tncinvasives.ucdavis.edu/），等等。

中国科学家也致力于入侵生物危害的监控与研究，建立了中国外
来入侵生物数据库。中国第一个生物入侵平台是"中国生物入侵网"（http://
www.bioinvasion.org），另外还有"中国外来入侵物种数据库"（http://
www.chinaias.cn/wjPart/index.aspx）、"中国外来海洋生物物种基础信息数
据库"（http://bioinvasion.fio.org.cn/）等各部门建立的外来入侵物种数据平台。

29. 外来入侵物种是如何利用生物武器的？

一个很经典的例子发生在英国。在过去的一个世纪中，英国本地
的欧亚红松鼠 (*Sciurus vulgaris*) 的数量因灰松鼠 (*Sciurus carolinensis*) 的
入侵而大幅减少，其中松鼠痘病毒 (*Squirrel parapoxvirus*) 扮演了关键的
角色。这种对红松鼠致命的病毒对于灰松鼠的影响并不大，因此对于灰
松鼠而言，它成了扩大自身势力的关键"子弹"。一般来说，灰松鼠用
含有病毒的尿液污染红松鼠的生存环境，最终使后者染病。龙虾瘟疫真
菌 (*Aphanomyces astaci*) 的传播就比较粗暴，这种产孢真菌的孢子能够
散入水体，像是远程发射的导弹，随机地扩散到周围的水环境中——即
使通讯螯虾并没有踏入过那个环境。除此之外，偶然路过的鱼类和海鸟，
甚至接触了被污染水体的人类，也可能成为这些真菌的携带者，成为杀
害其他螯虾（包括对于吃货们来说很重要的小龙虾）的帮凶。异色瓢虫
(*Harmonia axyridis*) 所携带的微生物武器不仅能够影响和感染自己的同
族，甚至还能跨越物种障碍影响到其他昆虫。这些寄生在淋巴结中的微
孢子虫能够污染虫卵和虫蛹，一旦以之为食的捕食者们吃掉这些有害的
食物，就踏上了发病身亡的不归路。这样的传播方式容许异色瓢虫对更

广泛的昆虫进行杀伤。

30. 外来入侵物种是如何利用化学武器的?

植物是使用"化学武器"的鼻祖。欧洲科学家 Molish 早在 1937 年就发现了植物之间的"化学战争",他给了这种战争一个十分温和的名称:化感作用。对于原本生长在同一区域的植物而言,这种战争犹如邻里矛盾,表现相对缓和。但是对于外来入侵植物,情况可就大不一样了,当其侵入某一地区,为了迅速在当地占有生存领地,扩大生存空间,它们会运用自身产生的"化学武器"对身边的其他本土生物大肆"残杀",大有斩草除根诛灭九族之气势,其惨烈程度不亚于人类使用化学武器所发动的战争。植物的这些"化学武器"通过茎叶挥发、茎叶淋溶、花粉传播、种子萌发、根系分泌及植物残株的腐解等途径向环境中释放,随时随地便可以和其周围的生物展开一场"化学战争",影响周围植物的生长调节、光合作用、呼吸代谢、营养吸收、蛋白质和核酸代谢等,进而影响本土生物的生长、发育和种子萌发等,从而达到扩张自己种群的目的。比如我们耳熟能详的入侵植物紫茎泽兰、加拿大一枝黄花、胜红蓟等都是使用"化学武器"的高手。

图 10 胜红蓟是植物界使用
"化学武器"的高手(引自徐景先等书稿)

31. 观赏动植物中最常见的外来入侵物种有哪些?

人类对奇花异草的追求,促使人类不断从世界各国引进花草品种。这些花草在丰富我们生活的同时,也不可避免从花园里逃逸,其中有些外来观赏动植物逃逸后成为危险外来入侵种,比如加拿大一枝黄花 (*Solidago canadensis*)、圆叶牵牛 (*Ipomoea purpurea*)、马缨丹、蜘蛛兰 (*Arachnis* sp.) 等,而有些观赏动物也往往因为管理不善或放生而进入自然生态系统形成入侵,比如巴西红耳龟,这些物种繁殖能力强,入侵后危害本土龟类的生存,还使得多种河鱼河虾数量减少,水生生态系统近乎崩溃。

图 11 观赏动植物中的外来入侵物种
注:蜘蛛兰(左上)、马缨丹(右上)、红耳龟(左下)、清道夫(*Hypostomus plecostomus*,右下)(赵彩云摄)

入侵过程

32. 外来种入侵过程可以分为几个阶段?

外来种入侵包括四个阶段:传入、定植、扩散、暴发。传入是指外来种通过人类有意或无意的活动从原产地带入新生境,并在野外释放。定植是指外来种在新生境形成自我繁殖种群的阶段,也有些外来种在此阶段灭绝。扩散是指外来种在新生境中丰富度不断增加其分布范围不断扩大,或者其保持少量的种群数量且局部分布的阶段。暴发是指外来种在入侵地种群数量迅速增加,并产生生态或经济危害,形成入侵的过程。

33. 什么是引种?

引种(introduction)是指以人类为媒介,将物种、亚种或以下的分类单元(包括其所有可能存活、继而繁殖的部分、配子或繁殖体),转移到其自然分布范围及扩散潜力以外的地区。这种转移可以是国家内或者国家间的。引种分为有意引种和无意引种两大类。

34. 什么是有意引种?

有意引种(intentional introduction)是指人类有意实行的引种,将某个物种有目的地转移到其自然分布范围及扩散潜力以外的区域。这种引种可以是授权的或者非授权的。

35. 什么是无意引种?

无意引种(unintentional introduction)是指某个物种以人类或人类

传输系统为媒介，扩散到其自然分布范围以外的地方，从而形成非有意地引入。

36. 我国古代外来种主要引种通道有哪些？

外来种最早的引种与不同地区间的移民和商贸密切相关。中国与世界联系最早的通道可以追溯到春秋时期（公元前4世纪），蜀地与身毒间开辟的"蜀—身毒道"（身毒指印度），在历史上被称为南方丝绸之路，是起于四川成都，纵贯川滇两省，连接缅、印，通往东南亚、西亚以及欧洲各国最古老的国际通道。南方丝绸之路是当时中国联系外界唯一的通道，也是世界上最早的国际通道，并成为两千多年来承担中国和东南亚、南亚交流的主要通道。借由这条丝路中国丝绸传入印度，一些外来种传入中国，如苋 (*Amaranthus tricolor*)、洋金花 (*Datura metel*)、酸角 (*Tamarindus indica*) 等从印度引种中国并大面积种植，之后扩散蔓延。

图 12 南方丝绸之路（引自 www.bing.com 萃英在线）

29

图13 紫苜蓿（刘文慧摄）

大约200年后，随着汉朝（公元前206—公元220）张骞出使西域，建立了从陕西西安开始，途经甘肃、新疆，通过中亚到土耳其、埃及的西北丝绸之路。沿着这条丝路，张骞带回了紫苜蓿，明朝时又引进了决明 (*Senna tora*) 等外来种，这些植物在我国西部已经逃逸为野生物种。并且随着商人的运输车队，一些外来种被无意携带进来，如续断菊 (*Sonchus asper*)、苦苣菜 (*Sonchus oleraceus*) 并经西北向华北、西南等地扩散蔓延。

图14 西北丝绸之路（引自 www.bing.com）

唐、五代时期，陆路的对外丝绸贸易已不能满足对外经济发展的需要，海上丝绸之路开始兴盛，南海丝路开通了古代中国与外国交通贸易和文化交往的海上通道，是唐宋以后中外交流的主要通道，以南海为中心，起点主要是广州，在宋朝（公元960—1279）泉州和广州成为连接中国与东南亚各国的主要通道。东海丝路以青岛胶州为中心经辽东半岛到达朝鲜半岛和日本列岛的东海航线。在公元739年，起源于非洲东北部的芦荟 (Aloe barbadensis) 第一次在陈藏器所著的《本草拾遗》中注明为引进药物。该植物在公元969—975年已经形成野外种群，目前已经在中国南方沿海地区广泛归化。

37. 外来种通过哪些途径进入中国？

外来种一般通过两种途径进入中国：一是自然因素，二是人为引种。

自然因素。外来种在周边国家或地区归化或入侵后，通过水流、风力的自然传入。比如麝鼠 (Ondatra zibethicus) 是从前苏联沿着伊犁河、塔克斯河、额尔齐斯河以及黑龙江流域自然扩散侵入的。植物的种子也可能随着风、水流或者动物迁徙传入，比如飞机草是靠自然因素入侵我国的。

人为引种分为有意引种和无意引种两大类。其中有意引种主要是为了经济发展和保护环境等目的。无意引种很多是通过人类活动无意识地引进中国。

38. 压舱水在外来入侵物种传播中起什么作用？

压舱水即船舶压舱水（ballast water），是指为船舶稳定重心，使船舶处于适航状态，在船舶底舱注入的适量水体。一般离岸时注入水体，到岸时必须将压舱水排出舱外。每天压舱水至少携带7 000～10 000种海洋微生物和动植物在全球流动，几乎每9个星期就会在世界各地发现1种新的"入侵者"。压舱水就像一张免费单程船票，将物种带到世界各地，一旦环境适宜就形成入侵种。

39. 有意引种包括哪些方面？

有意引种是指人类由于农业、林业、观赏、环保、生物防治等方面的需求，有意识从国外引进物种，由于引种评价制度不完善，以及对外来种的认识不全面，导致引种后入侵，造成不可挽回的损失。我国的有意引种主要包括以下几大类：①作为牧草或饲料引种。比如水花生 (*Alternanthera philoxeroides*)、赛葵 (*Malvastrum coromandelianum*)、大藻 (*Pistia stratiotes*) 等都是作为饲料引种进中国后来泛滥成灾。②作为观赏植物引种。为美化环境、赏心悦目，人类对奇花异草的追求促使不断引进外地或国外的花草。这些花草难免会管理不善逃逸到野生环境，如马缨丹、加拿大一枝黄花、圆叶牵牛等。③作为药用植物引种。我国部分中草药也是外来种，有部分物种逃逸形成入侵种，如垂序商陆 (*Phytolacca americana*)、土人参 (*Talinum paniculatum*) 等。④作为改善环境植物引种。为了快速解决生态环境退化、植被破坏、水土流失和环境污染等问题，我国引进一些外来种，典型的物种如互花米草当初作为防堤护岸、促淤造陆的植物引进中国，目前互花米草已蔓延在中国整个海岸线上，且对红树林、芦苇 (*Phragmites australis*) 等本土植物造成极大的危害。⑤作为食用或经济物种引种。为了丰富餐桌、追求美味，大量引种食用植物和动物，如番石榴、福寿螺 (*Pomacea canaliculata*) 等，还有一些动物由于其皮毛具有经济价值被引种，如麝鼠和海狸 (*Myocastor coypus*)，引种后造成入侵。⑥作为宠物引种。最典型的就是巴西龟等被作为宠物饲养，随意释放，导致在我国自然生境的入侵。⑦作为水产养殖品种。为了提高经济利益，大量引种水产生物，比如克氏原螯虾等。⑧植物园、动物园、野生动物园的引种。

图15 垂序商陆（左图）和互花米草（右图）（赵彩云摄）

40. 无意引种的主要途径是什么？

无意引种主要是外来种随着包装箱、船舶压舱水、运输工具、入境旅客携带等进入新的生态环境，并形成入侵。主要通过4种途径进入中国：①随人类交通工具带入。很多外来种随着交通路线进入并沿着交通路线蔓延，加之交通路线周围一般生态环境比较脆弱，很容易被外来入侵物种占据，也成为外来入侵物种最早出现的区域。②随进口农产品和货物带入。外来入侵物种也可随着引进的其他物种掺杂着进入中国，比如杂草种子一般伴随着大宗粮食进口传入，林业害虫随木质包装材料进入。③旅游者带入。旅游者携带活体生物如水果、蔬菜或宠物，可能将危险外来入侵种携带入境，也可能有些物种黏附在旅客的行李上带入中国，比如北美车前 (*Plantago virginica*)。④随人类建设过程带入。人类在农田、林场工作时，其交通工具、劳动用具、鞋底的泥土、运输的苗木等都有可能带入外来物种。

41. 一般外来入侵物种从引种到暴发需要多长时间？

外来入侵物种进入新生境需要适应，入侵地生态系统也会因外来种入侵而发生变化，这个过程往往是需要很长时间且难以察觉的，许多外来种入侵对生物多样性的影响一般具有 5 ~ 20 年的潜伏期。Wilson将外来种导致的物种灭绝比喻为疾病导致的死亡，这也反映出外来入侵物种对生物多样性的影响是缓慢且难以预料的。也正因为外来种入侵存在潜伏期，往往很容易让人放松警惕，一旦入侵物种暴发显现出破坏性就需要花费大量的人力、物力去控制和管理。

42. 什么是时滞？

时滞一般用于外来入侵植物，通常是指将一个外来种引入新的区域，该物种短时间内不会进行大规模扩张，而是在几年到几个世纪后才快速繁殖形成入侵。时滞现象的产生被认为是由于新环境不十分利于物种大规模繁殖的情况下，生物需要一段时间来适应环境，包括定植、扩散、累积种群基数、等待环境改变，甚至发生基因突变和变异，最终完全适应环境，造成生物入侵。这也是外来入侵物种在入侵初期难以被发现其入侵危害，一旦发现已经难以灭除的原因。

入侵理论

43. 什么是多样性阻抗假说?

"多样性阻抗假说"(biotic resistance hypothesis)是 Elton（1958）提出的经典假说。该假说认为群落的生物多样性对抵抗外来种的入侵起着关键性的作用，物种丰富度高、群落结构复杂的群落对生物入侵的抵抗能力较强，而物种丰富度低、群落结构简单的生态系统更容易受到外来种的入侵。该假说主要阐明了群落物种多样性与外来种入侵之间的关系，因此又称之为群落物种丰富度假说（community species richness hypothesis）。多样性阻抗假说在小空间尺度研究上得以不断证实（Kennedy *et al.*,2002），而在大尺度观测研究中群落生物多样性与外来种入侵之间并不总呈现正相关关系（Foster *et al.*, 2002）。

44. 什么是天敌逃逸假说?

天敌逃逸假说（enemy release hypothesis, ERH）是由 Hierro 等提出的假说，该假说提出，一个外来种被引入到一个新生境后，逃避了原生地的天敌，从而导致其在新栖息地大面积生长、繁殖和扩散。该假说最早可以追溯到达尔文进化论，达尔文提出外来种能够成功入侵到新的栖息地，是由于其脱离原产地协同进化的自然天敌（如竞争者、捕食者和病原微生物）的控制作用，而本地竞争种的专一性天敌几乎未发生寄主转移，或本地广食性天敌对入侵种的影响远小于对本地种的影响，逐渐形成竞争释放，从而导致外来种分布范围的逐渐扩大。也有研究表明，入侵种到达新生境以后，并非完全逃避了天敌，也可能被一些土著种取食，从而形成新天敌（Reusch, 1998; Keane and Crawley, 2002）。该假说常被作为引进天敌控制外来入侵物种的理论基础，在一定程度上受到质疑。

45. 什么是空生态位假说？

空生态位假说 (empty niche hypothesis) 是由 Rhymer 和 Simberloff 在 1996 年提出的，该假说认为外来种成功入侵是因为其占据了一个被入侵群落里的空生态位 (vacant niche)。该假说是生物多样性阻抗假说进一步的解释，被广泛认为是岛屿生态系统容易遭受生物入侵的主要因素。由于生态位的概念比较模糊，因此很难被验证或应用。

46. 什么是增强竞争力进化假说？

增强竞争力进化假说 (evolution of increased competitive ability hypothesis, EICA) 是 Blossey 和 Nötzold 在天敌逃逸假说的基础上发展起来的，基于"生长或防御"权衡的重新分配提出的，该假说认为外来种进入新生境后，缺乏天敌的控制，外来种本来用于防御的资源投资就可以转移到自身的生长发育上，从而进化出最优化的生存策略。比如进化出最适应新栖息地环境的表型来适应新的环境，也就是表型可塑性。

47. 什么是资源机遇假说？

资源机遇假说（resource opportunity hypothesis）是空生态位假说的进一步解释，该假说认为在大尺度的空间范围内，可利用的环境资源是决定生态系统可入侵性的关键因素。在新栖息地的群落一旦具有入侵种所必需的生态资源 (包括营养、光照、水分、土壤营养等)，且这些生态资源也大多没被土著种有效利用，便为外来种的入侵提供了可能的空间，事实上也就是新生境中存在空余的生态位。

48. 什么是氮分配进化假说?

氮分配进化假说（evolution of nitrogen allocation hypothesis）是在天敌逃逸假说和增强竞争力进化假说的基础上发展起来的假说，是由冯玉龙等（2009）提出的，他们认为天敌逃逸不仅使外来入侵植物降低体内氮在防御机构细胞壁中的分配，而且增加了氮向光合器官中转移，这种独特的快速偿还型能量方式能够提高叶片的光合氮利用效率、光合能量利用效率及光合能力，从而具有较高的生长潜力，导致植物成功入侵。

49. 什么是生态位机遇假说?

生态位机遇假说（niche opportunity hypothesis）是由 Shea 和 Chesson(2002) 提出的理论。该假说认为，资源、天敌和物理环境这3种因素决定这外来种的增长率，这三个因素时空的变化，以及外来种对这3种因素时空变化特征做出的反应影响着外来种的入侵能力。生态位机遇是指某一特定群落能够为某一种外来入侵物种在低密度下获得正增长率提供机会的潜力，生态位机遇低，群落就难以入侵。

50. 什么是新武器假说?

新武器假说（new weapon hypothesis）是 Callaway 和 Ridenour(2004)基于种间化学关系解释外来种入侵的假说，他们认为由于入侵植物根系分泌物可以抑制其他植物的种子萌发和植株生长即化感作用，从而导致外来入侵植物可以排挤本地植物从而成功入侵。在新武器假说的基础上，他们认为外来入侵植物还可以通过延迟发育、拒食和毒性作用减少植食性昆虫、大型动物及其他天敌对它们的取食，从而占据竞争优势，成功入侵，称之为"新防卫假说"（novel defence hypothesis）。

51. 什么是干扰假说?

干扰假说（disturbance hypothesis）是 DeFerrari 和 Naiman（1994）提出的，该假说认为人为或者自然因素对栖息地的干扰有利于外来种入侵。一方面，干扰可以使群落中物种丰富度降低，增加资源可利用率，减小竞争压力，从而有利于外来种入侵（Stohlgren et al., 1999）；另一方面，干扰可能破坏群落结构，形成空的生态位，从而影响群落的可入侵性，使外来种易于入侵。然而，干扰与入侵的关系比较复杂，对入侵作用是多方面的，干扰与入侵的关系还有待于进一步研究。

52. 什么是内禀优势假说?

内禀优势假说（inherent superiority hypothesis）认为外来植物能够成功入侵，是由于其本身可能具有独特的生物特性或独特的内禀优势（如形态、生态、生理、行为和遗传等）。相对于土著种，具有内禀优势的外来种在进化中可能进行了更多的遗传变异，形成具有更适应环境条件及利用更多资源的生态型，或具有更强的抵抗外界环境胁迫的能力或性状，从而最终在竞争中获得优势，或者更易于占据某些土著种不能利用的生态位，进而成功入侵，即"内禀优势假说"。

53. 什么是"十数定律"？

Williamson 在 1996 年提出了十数定律（Tens rules）描述外来种入侵过程，他指出从外来种传入到定植，仅有 10% 物种能成功定植；这些成功定植的外来种中仅有 10% 能成功扩散，而这其中仅有 10% 的外来种能成功入侵。十数定律不是很严格的 10%，可能从 5% ～ 20%。十数定律说明两个方面的问题：一是不同入侵阶段之间的障碍重重，我们需要了解为何有些物种能克服障碍而另外一些物种却不能；二是尽管很多物种能进入新的区域，但是仅有少量的物种能够暴发引起生态或经济危害。

54. 什么是种群瓶颈效应？

种群瓶颈效应（population bottleneck 或 genetic bottleneck）是指由于环境事件（如地震、洪水、火灾、疾病或者干旱）或者人类活动（比如种群灭绝）导致一个种群数量急剧下降，从而导致种群基因库改变的事件。种群瓶颈效应发生后，有可能导致种群遗传多样性降低，种群稳定性降低，难以适应环境变化而灭绝；也可能由于幸存者拥有更优越的个体基因，改变等位基因的缺失或重组，从而促成遗传漂变，种群恢复但仅存有限的遗传多样性。

55. 什么是奠基者效应？

奠基者效应（found effect）是指新种群最初由少数个体由原种群中传播或迁徙至某地而建立，经过一段时间繁衍，虽然个体数量增加，但种群遗传多样性降低。该理论是 Ernst Mayr 在 1942 年提出的，由于遗传多样性的丢失，新的种群其表型和基因型与其母本种群相比可能会明显不同。在奠基者效应中，小种群表现出对遗传漂变敏感性增加，增加自交频率和降低遗传多样性。奠基者效应有可能导致物种分化或者新物种的进化，也可能导致种群的灭绝。

56. 什么是繁殖体压力？

繁殖体压力（propagule pressure 或 introduction effort）定义不统一，最简单是将繁殖体大小或者繁殖体数目定义成繁殖体压力。也有人把生物引入过程中释放繁殖体的数量或频率称作繁殖体压力。Lockwood 等对繁殖体压力的定义更为详细，繁殖体压力是生物个体释放到非原产地区数量的一种综合表达，它是每次释放生物繁殖体数量的多少和释放次数的结合，他指出对比生境可入侵性特征和物种本身的入侵性特征能够发现：繁殖体压力会与多次引入有关，对于每一次引入事件或入侵事件来说，繁殖体压力都会各不相同。繁殖体压力是外来种入侵成功与否的重要条件。

57. 什么是"阿利"效应？

"阿利"效应（Allee effect）是由 Allee 提出的，是指群聚有利于种群的增长和存活，但过分稀疏和过分拥挤可阻止生长，并对生殖产生副作用，每种生物都有自己适合的密度。这种种群大小、密度及其增长率之间的相互作用称为"阿利"效应。具有"阿利"效应的种群当种群密度低于某一阈值时，物种将会灭绝。"阿利"效应对外来入侵物种的作用具体表现为入侵种的传播速度、最佳扩散距离、因繁殖失败导致的入侵终止、种间竞争的稳定性。比如入侵物种互花米草，在入侵初期只产生少量能成活的种子，大多数依靠无性繁殖，可见"阿利"效应在外来种入侵初期能减少植物的入侵速度。"阿利"效应可有助于我们在外来种入侵的初期或者入侵的边缘地区开展入侵防控，从隔离检疫、根除和控制等方面制定管理策略。

生物入侵对生物多样性的影响

58. 入侵物种对生物多样性有哪些影响?

外来入侵物种已经入侵到我国的森林生态系统、海洋生态系统、农田生态系统以及水生生态系统等各类生态系统中,一方面外来入侵物种主要通过压制或排挤当地土著物种的方式改变食物链网络的结构和组成,影响生态系统功能;另一方面,外来入侵物种通过其特有的竞争机制快速生长和繁殖,排挤其他植物,形成优势种群,使得生物多样性迅速降低,最终使原有稳定的生态系统遭受不可逆转的破坏。

外来入侵物种加速生物多样性丧失。外来入侵生物不仅给本地生态带来不良影响,严重威胁本地生物多样性,甚至直接导致部分本地物种的灭绝。外来入侵物种在入侵地与土著植物竞争养分、水分、阳光、生存空间,使土著动植物的生存环境条件恶化,陷入灭绝的境地,直至物种消失,从而导致生物多样性的丧失,比如福建沿海滩涂,因互花米草的疯狂扩散和肆意蔓延,破坏了海洋生物的栖息环境而使沿海养殖的多种生物窒息死亡。因此有专家认为在全世界濒危物种名录中植物的生存威胁有 35 % ~ 46 % 是部分或完全由外来生物入侵引起的。

外来入侵物种还会危害遗传多样性。随着生境片段化,残存的次生植被常被入侵种分割、包围和渗透,使本地生物种群进一步破碎化,造成一些植被近亲繁殖及遗传漂变,有些外来入侵物种与本地种的基因交流导致对本土种的遗传侵蚀,外来种的扩散蔓延有可能导致许多本土基因型的消失。

图 16　薇甘菊 (*Mikania micrantha*) 大面积发生影响当地植被（左图）（李振宇摄）和红脂大小蠹（*Dendroctonus valens*）造成森林"火灾"（右图）（孙江华摄）

59. 生物入侵与濒危物种之间有什么关系?

许多地区由于地理隔离，长期以来与外界交流很少，保存着各种各样的局部野生原始动植物种群。外来种入侵导致野生原始种群局部消失，从而遗传资源减少。有资料记载，在美国受威胁和濒危的 958 个本地种中，约有 400 种主要由于外来种的竞争或危害而导致濒危。

60. 我国自然保护区内有没有外来物种入侵?

有资料认为我国大多数自然保护区内均有外来种入侵现象存在，根据我们查阅的数据资料发现，我国目前已有的 446（2016 年统计数据）个国家级自然保护区中，53 个国家级自然保护区内开展过外来入侵物种调查，并均记录有外来入侵物种。这些外来入侵物种主要分布在保护区的实验区与缓冲区，部分自然保护区的核心区已发现有入侵物种分布，如海南铜鼓岭、东寨港和大田国家级自然保护区、上海崇明和九段沙国家级自然保护区、广东鼎湖山国家级自然保护区、广西防城金花茶国家

级自然保护区、江西鄱阳湖国家级自然保护区、云南省纳板河国家级自
然保护区等。

图17　纳板河国家级自然保护区核心区里的飞机草（赵彩云摄）

61. 外来入侵物种对气候变化有什么响应？

全球气候变化改变着物种分布格局，一些珍稀濒危的本土物种难
以忍受气候变化的压力濒临灭绝，而外来入侵物种却可以利用气候变化
如气温升高、大气成分的变化、不断增加的氮沉积以及土地利用导致的
生境片段化等不断扩张自己的领地。气温升高改变物种的分布以及陆地
和水生资源动态，入侵生物由于其适应性强、繁殖能力强等因素迅速适
应环境，扩大种群范围；CO_2浓度的升高可能减缓某些植物群落的演替
恢复，加快外来植物的入侵过程；氮沉降的加剧会使外来种入侵到一些

原本土壤较贫瘠的地区，而生长缓慢的土著种会在竞争中处于不利地位。不仅是全球气候变化影响了植物入侵，反过来植物入侵也极其可能在全球范围内影响生物群落的结构与功能，继而反馈性地影响全球环境，两者间的彼此影响是长远的，要具体阐明全球变化如何对生物入侵产生影响，也需要长期、全面的研究工作积累。

62. 什么是基因污染?

基因污染（genetic pollution）是指原生物种基因库非预期或不受控制的基因流动。外源基因通过转基因作物或外来入侵种扩散到其他栽培作物或自然野生物种并成为后者基因的一部分，在环境生物学中统称为基因污染。外来入侵物种常常会与近亲本土种发生杂交，从而导致本土种的基因污染。

63. 什么是遗传侵蚀?

遗传侵蚀（genetic erosion）是指一个已经濒危的动植物基因库消失的过程，存活的种群由于没有机会与濒危的其他种群相遇或者繁殖导致种群消失。狭义上讲是指等位基因或者基因的缺失。广义上讲是指一个品种甚至一个物种的消亡，是指拥有独特遗传物质的个体，由于没有机会与同种进行交配繁殖而死亡。一般野生动植物种群遗传多样性低时会导致基因库的消失。所有世界上的濒危物种都受到遗传侵蚀的干扰，需要人类帮助其维持群落遗传多样性。而外来种入侵往往通过遗传侵蚀加速本土物种多样性的降低。

64. 外来入侵物种对本土物种遗传资源有什么影响?

遗传多样性的变化和丧失是生物多样性遭到破坏的核心问题,而遗传侵蚀或遗传污染引起的多样性改变往往是不逆转的。外来种入侵对本土生物多样性的遗传侵蚀相当普遍,甚至可能造成毁灭性侵犯,因此外来入侵物种常常被认为是导致生物多样性丧失的第二大因素。首先,外来种入侵导致野生原始种群局部消失,从而使遗传资源减少。如美国受威胁和濒危的 958 个本地种中,约有 400 种主要由于外来种的竞争或危害而导致濒危。我国本土生物多样性丰富,生境破坏严重,入侵物种猖獗,因此会对遗传资源造成潜在威胁。其次,外来种入侵造成种群破碎化,影响本土种的遗传结构。由于入侵物种常常形成单一种群,从而造成本土种的生境片段化,本土种有可能因为小种群中的遗传漂变和近交作用、隔离距离效应、基因流的改变等原因造成遗传多样性发生改变。最后,外来入侵物种通过与本土种杂交对遗传多样性造成危害:①两个遗传差异较大的物种(种群)混养时,会产生远交衰退,即杂交会破坏亲代具有的共适应等位基因组合,导致杂交后代适应性的降低或者发生远缘杂交不育的情况,使种群中年轻补充个体数目急剧减少甚至消亡;②当两个个体数量悬殊的亲本发生杂交时,会产生遗传同化,即小种群一方由于"纯"的后代数量的减少而被前者"稀释"掉,导致小种群遗传特异性丧失或灭绝;③外来种与本土种杂交会造成后者基因污染,外来入侵物种可以与同属近缘种甚至不同属的种杂交,从而对本土种的遗传造成污染;④当杂交体具有杂种优势时,会取代亲本,威胁到亲本的生存。

生物入侵对人类活动的影响

65. 生物入侵对人类生产生活有哪些影响?

生物入侵对人类生产生活主要有 5 个方面的影响：①危害人类健康：一些外来入侵物种能直接或间接危害人类健康，如红火蚁叮咬人体，豚草和三裂叶豚草花粉致人体过敏，毒莴苣 (*Lactuca serriola*)、马缨丹和毒麦被误食后引起中毒等；②破坏生产环境：一些外来入侵物种严重改变了当地生产环境，如互花米草和水葫芦不仅影响水产养殖，还会对水运交通带来影响；③影响农林牧业：一些外来入侵物种会直接对农业、林业、牧业带来严重危害，如紫茎泽兰影响牧草生长，苹果蠹蛾 (*Cydia pomonella*) 危害苹果产业，松材线虫危害林业生产；④影响居民生活：一些外来入侵物种会对居民的日常生活带来不利影响，如美国白蛾取食城市绿化树木的叶子且大量结茧，不仅影响城市绿化景观，有时毛虫还从树上掉落在行人身上；⑤影响公共安全：如红火蚁常把蚁巢筑在户外与居家附近或室内电器相关的设备中，如电表、交通机电设备箱、机场跑道指示灯和空调器等，造成电线短路或设备故障等。

图 18：美国白蛾危害树木（潍坊市林业局网站）

66. 外来入侵物种如何影响人类健康？

外来入侵物种对人类健康的影响主要包括：①直接叮咬人体，如红火蚁具有很强的攻击性，当受到外界干扰时会发动攻击，红火蚁毒液中含有酸性毒素哌啶，被其叮咬后轻者叮蜇处会发生局部红肿并伴有火灼般疼痛，严重时会导致过敏性休克。1998 年，在南卡罗来纳州约有33 000 人因被红火蚁叮咬需要就医，其中 15% 被叮咬者产生局部严重的过敏反应，2% 产生有严重系统性反应而造成过敏性休克，当年有两人因受红火蚁叮咬而死亡。②导致人体过敏，如豚草和三裂叶豚草的花粉是人类患枯草热病和过敏性哮喘的主要致敏原之一，使得许多敏感人群在豚草开花期不得不远避他乡。③误食后引起中毒，如毒莴苣、马缨丹和毒麦的植株或种子含有毒性物质，不小心食用后会导致人体中毒。④携带病菌引起人体疾病，如福寿螺通常携带管圆线虫 (*Angiostrongylus cantonensis*)，人类食用福寿螺时可能引起人类嗜酸性粒细胞增多性脑膜炎等疾病，据统计，仅 2006 年北京市 9 家医院就发现 131 例因食用福寿螺而被感染管圆线虫的病人。

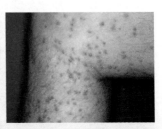

图 19　红火蚁影响人类健康（张润志摄）

67. 外来入侵物种对农业生产有哪些影响?

外来入侵物种对农业生产的影响主要表现在 4 个方面：①竞争抑制，外来入侵植物进入农田并大量繁殖，与农作物竞争光、水、肥，如空心莲子草 (*Alternanthera philoxeroides*)、豚草等大面积进入农田与农作物竞争资源；有些物种产生化感物质，抑制农作物生长，导致减产；②取食危害，稻水象甲、西花蓟马 (*Frankliniella occidentalis*)、烟粉虱等外来入侵物种在农作物上大量繁殖并直接取食农作物，导致严重减产甚至绝收；③导致病害，一些外来入侵物种携带病菌或本身即是病菌，如大豆疫霉病毒、水稻细菌性条斑病、玉米霜霉病、棉花黄萎病等，导致农作物发生大面积的病害；④影响质量，一些外来入侵植物入侵农田后，其种子与农作物果实混杂在一起，如毒麦混入小麦中，严重影响作物质量。

68. 影响农业生产的主要外来入侵物种有哪些?

2012 年农业部发布国家重点管理外来入侵物种名录，共 52 种。其中 21 种外来入侵植物，31 种外来入侵动物（见附录 1），包括节节麦 (*Aegilops tanschii*)、空心莲子草、毒麦、假高粱、稻水象甲、烟粉虱、西花蓟马、非洲大蜗牛 (*Achatina fulica*)、三叶草斑潜蝇 (*Liriomyza trifolii*)、马铃薯甲虫 (*Leptinotarsa decemlineata*)、红棕象甲 (*Rhynchophorus ferrugineus*)、香蕉穿孔线虫 (*Radopholus similis*) 等。

69. 影响林业生产的主要外来入侵物种有哪些?

2013 年国家林业局发布"中国林业检疫性有害生物名单",其中 11 种昆虫,2 种病菌和 1 种杂草(见附录 2),同时发布了"中国林业危险性有害生物名单"包括 190 种动植物,其中昆虫 134 种,50 种其他动物、6 种(类)植物(见附录 3),其中很多种为外来入侵物种,包括紫茎泽兰、飞机草、薇甘菊、加拿大一枝黄花、椰心叶甲(*Brontispa longissima*)、湿地松粉蚧(*Oracella acuta*)、松材线虫、美国白蛾、蔗扁蛾、悬铃木方翅网蝽(*Corythucha ciliata*)、桉树枝瘿姬小蜂(*Leptocybe invasa*)、扶桑绵粉蚧(*Phenacoccus solenopsis*)等。

70. 城市化进程对外来入侵物种的影响有哪些?

城市化进程中原有的自然生境逐渐被各种建筑物、水泥路面以及其他城市基础设施如人工绿色空间所替代或破碎化,对自然生态系统造成干扰。伴随着城市化进程的进行,通常本地原有植物明显减少,而外来种种类及数量显著增多。城市化主要在 4 个方面提高了外来种入侵的概率,①由于原生生态系统遭到极大干扰或破坏后,生态系统变得脆弱,对外来种入侵的抵抗能力下降,外来种更容易扩散和肆虐;②在城市环境中物质流动和人类流动量巨大,为外来种的入侵和扩散提供了多种传播途径;③在城市绿地建设中,大面积人为种植的绿化植物中有许多为外来植物,这些植物虽然不一定会成为入侵种,但仍会造成大量本地植被逐渐被替代,给当地生物多样性带来极大的危害;④随着外来植物的引进,一方面为许多外来动物,特别是各种低等动物如昆虫、土壤动物等创造了适宜的生存环境,形成新的群落结构,改变了当地动物区系组成，另一方面由于外来植被改变了原生态系统结构和功能，造成当地的动物（如昆虫和鸟类等）数量和种类减少，并为其他外来种的入侵提供了更大的生存空间。

71. 园林建设引种对外来入侵物种的影响有哪些?

园林建设中，有时为了追求物种的数量和园林设计的个性化，通常喜欢从国外引进绿化品种，在丰富了城市绿化品种，提高了城市绿化观赏性的同时，也带来了外来物种入侵的风险。一方面引进物种本身存在成为外来物种入侵的风险，另一方面是引进的物种很可能携带害虫、其他物种的种子以及病菌等，进而形成新的外来种入侵。如 2013 年调查发现，南昌市园林绿地中有外来入侵植物 49 种。再如五叶地锦 (*Parthenocissu quinquefolia*) 曾在长春地区的园林建设中广泛种植，但通过外来入侵物种风险评估发现，五叶地锦的入侵风险指数得分值为 21，是属于具有高度入侵风险的外来种，应该限制引入，同时不能在野外释放。然而，由于国内外来物种引种体制不健全，风险评估不重视，致使大量外来物种被盲目引进，引种后发现入侵危害，却难以控制。目前，与园林绿化相关的外来入侵物种主要有马缨丹、紫茉莉、曼陀罗 (*Datura stramonium*)、万寿菊 (*Tagetes erecta*)、欧亚活血丹 (*Glechoma hederacea*)、千屈菜 (*Lythrum salicaria*)、圆叶牵牛、五爪金龙 (*Ipomoea cairica*)、加拿大一枝黄花等。

72. 外来入侵物种对国际贸易有哪些影响?

海关检疫是防范外来生物入侵十分重要的手段，在国际贸易中，不可避免地会涉及外来生物入侵的问题。与控制外来入侵种密切相关的实施卫生与植物卫生措施协议（SPS）和贸易技术壁垒（TBT）中明确规定：在有充分科学依据的情况下，为保护生产安全和国家安全，可以设置一些技术壁垒，以阻止有害生物的入侵危害。对外来生物入侵的防范常常引起国与国之间的贸易摩擦，有时还会成为贸易制裁的重要借口或手段。中国加入 WTO 后，国际贸易日益频繁，涉及外来入侵物种的贸易摩擦时有发生。近年来我国一些农产品国际贸易受到外来生物入侵的严重阻碍，如日本曾以水稻疫情为由禁止我国北方水稻及相关制品出口日本；美国曾以我国发生橘小实蝇为由禁止我国鸭梨出口美国；2014年，菲律宾又以发生苹果蠹蛾为由，禁止我国水果出口菲律宾。我国也十分关注国际贸易中外来入侵生物对我国的冲击，不断加强国际贸易中的海关检疫工作并发布了"中华人民共和国进境植物检疫性有害生物名录"（见附录 4），如一些公司从国外进口产品时，常常被发现产品及其包装箱上携带外来有害生物的种子或卵。

外来入侵物种防控

73. 外来入侵物种防控体系包括哪些内容？

外来入侵物种防控一般遵循"预防为主、防治结合"的原则，一方面防止外来种入侵，另一方面对已经入侵并造成重大危害的外来入侵种进行重点治理。①对可能进入我国的外来入侵物种，需加强风险评估和检疫封锁，建立早期预警系统，御其于国门之外；②对已经进入我国的外来种，需加强普查监测、建立野外监测站并形成定期上报制度，建立外来入侵物种数据库和快速应急方案；③对已经在我国造成较大危害或即将造成较大危害的恶性外来入侵物种，应针对性采取物理、化学、生物或综合治理方法，开展局部清除、阻断和围剿，逐步缩小其分布范围，降低其危害；④加强科学研究和公众宣传教育，提高科学管理水平和公众防范意识。

74. 为什么说外来入侵物种管理中以预防为主？

外来入侵物种进入一个新的地区后，通常要经过较长潜伏期和适应期，经过定植、建立种群、扩散之后才能形成入侵；刚刚建立种群的外来入侵物种相对分布范围较小，易于在短时间内控制，而一旦暴发不但会产生不可逆转的严重后果，而且通常控制成本很高，且难以全面控制。如凤眼莲（水葫芦）具有超强的繁殖能力，一旦传入新的区域，就能很快入侵周围水域和沼泽地，已在我国 17 个省市自治区泛滥成灾，每年造成过百亿元的损失。2002 年仅上海市在打捞水葫芦上花费 8 000 万元，福建省仅闽江水口库区每年打捞费用达上百万元，且难以彻底清除。因此，外来入侵物种管理中应以预防为主、防治结合。

图 20　福建闽江水口库区水葫芦泛滥及机械打捞（www.indaa.com.cn）

75. 什么是外来种的环境风险评价?

外来种环境生态风险评价是指根据外来种传入、定植、潜伏、扩散、暴发等阶段来分析其从原发生地到新地区的种群变化过程，评估其在引入地发生各种风险的概率和危害程度，并根据评估结果确定适宜的对策。如应用外来种入侵的风险评估体系及风险评价标准，对长春市园林中常用植物五叶地锦进行入侵风险评估，结果发现入侵风险指数为 21，属于具有高度入侵风险的外来种，后续管理中应减少引入，已种植的应加强管理措施，防止其逃逸到自然生态系统中。

76. 如何开展外来种环境风险评价?

外来种环境风险评价可以分为三个阶段：①程序启动：明确待评价的目标、名单、地区；②风险识别：构建或参考确定适用的外来种风险评估指标体系，然后获取指标体系中各指标的信息并赋值，确定目标物种的风险性；③风险管理：根据风险评估指标体系的评价结果，划分风险等级并确定适宜的管理对策。

77. 什么是外来入侵物种的物理控制？

外来入侵物种物理控制指依靠人力或机械进行捕捉、刈割、拔除、火烧、填埋外来入侵物种或被外来入侵物种侵害的生物，达到快速压制甚至清除外来入侵物种种群的目的。如通过人工打捞凤眼莲，刈割和遮阴后控制互花米草，人工拔除紫茎泽兰植株，利用黑光灯诱捕外来入侵害虫等。另外，外来入侵物种通常具有较快的生长速率和较强的繁殖能力，在其不同的入侵阶段可采用不同的物理防控方法。如在空心莲子草入侵早期植株数量较少时可采用手工拔除或人工打捞，而当其发生严重时，可采用机械割除或机械打捞。物理控制外来入侵物种时还需注意控制时间的选择，一般在植物开花前期、昆虫幼虫期或卵期采取物理控制措施能够取得较好的治理效果。

图 21　广西北海刈割后遮阴治理互花米草（赵相健摄）

78. 什么是外来入侵物种的化学防治？

外来入侵物种的化学防治指依靠除草剂或杀虫剂治理外来入侵植物或害虫的方法。化学防治方法通常具有高效、快速、使用方便、经济效益高等优点，但也存在着环境污染、杀死其他有益生物等问题，尤其是广谱杀虫剂和除草剂会对环境和人类健康带来负面影响。近些年来，新研发的一些新型杀虫剂和除草剂只对一种或几种外来入侵物种起作用，且易降解对环境污染较小，但目前造价较高。虽然化学防治方法仍存在缺陷，但目前仍是控制某些外来物种的主要手段，如用 50% 辛硫磷乳油 1 000 倍液、20% 杀灭菊酯乳油 4 000 倍液或 2.5% 溴氰菊酯乳油 4 000 倍液在 5 月中下旬苹果蠹蛾第一代幼虫期进行喷雾防治，通常能取得较好的控制效果。

79. 运用化学防治控制外来入侵物种需要注意什么？

化学药剂通常具有效果迅速、使用方便、易于大面积推广应用的特点。但在防除外来入侵物种时，危及许多本土物种，同时化学农药通常会造成较大的环境污染，危害人类健康。因此，应用化学方法控制外来入侵物种时应谨慎，尽量研发一些环境友好、作用对象专一或对本土物种影响较小的新型生物除草剂或杀虫剂。

80. 什么是外来入侵物种的生物防治？

外来入侵物种的生物防治是指利用寄生性、捕食性天敌或病原菌来抑制外来入侵物种的种群数量并减轻其危害，生物防治方法具有环境友好、控效持久和防治成本低等优点。如豚草卷蛾 (*Epiblema strenuana*) 和广聚萤叶甲 (*Ophraella communa*) 是两种防治豚草的重要天敌昆虫，豚草卷蛾主要以幼虫钻蛀豚草嫩茎，并在茎内蛀食为害，蛀食后期造成顶芽枯萎变黑下垂，广聚萤叶甲则以幼虫和成虫聚集取食豚草叶片，两者联合下可以显著抑制豚草的生长，目前对江苏、湖南、湖北和江西等省的豚草起到积极控制作用。

图 22 广聚萤叶甲取食豚草植株（引自 www.baidu.com）

81. 运用生物防治控制外来入侵物种需要注意什么？

引入外来入侵物种的天敌时需开展风险评估，尽量选取"专一性"强的天敌，即该天敌专一作用于该外来入侵物种上，而不会转移和危害本土植物形成新的入侵。如仙人掌螟 (*Cactoblastis cactorum*) 对仙人掌 (*Opuntia* spp.) 具有很好的控制效果，在许多国家被引入控制仙人掌，后期因为严重威胁本土花卉植物而成为一种入侵害虫。其次，引种后需要进行长期监测，特别是天敌的专一性需要长期的验证，尤其是在气候变化的背景下，一些天敌可能发生食性转移。因此，需加强生物防治的长期性科学研究。

82. 什么是生物替代?

生物替代指通过人工种植和抚育竞争力强的本土优势物种，在人工帮助下使得本土植物领先占据生态位，形成稳定的本土物种群落，抑制入侵物种的生长并逐渐替代外来入侵物种，达到对外来入侵物种长期控制和生态修复的目的。如通过人工种植和抚育狼尾草 (*Pennisetum alopecuroides*)、象草 (*P. purpureum*) 和扁穗牛鞭草 (*Hemarthria compressa*) 等生长快、竞争力强、覆盖度高的牧草，形成稳定群落，能够长期有效地抑制紫茎泽兰的生长，从而实现生物替代。

83. 什么是综合治理?

利用物理、化学、生物方法治理外来入侵物种时，单一方法很难达到长期控制的理想效果。综合治理即根据实地情况，利用两种或多种方法的集成技术治理外来入侵物种，结合生态修复工程，达到长期控制的效果。如国内外众多案例表明，采用以生物防治为主，辅以化学、机械或人工方法的综合治理措施通常可以有效解决一些外来入侵杂草的防控问题。

84. 如何对外来入侵物种进行综合治理?

通常首先利用物理或化学手段对外来入侵物种易控制的部分进行

清除和治理，大大降低外来入侵物种在群落中的优势度；随后通过开展生物替代、天敌引入、生境管理和生态修复等方法，达到对该外来入侵物种的长期控制效果。如上海崇明东滩鸟类国家级自然保护区利用"围、割、淹、晒、植、调"的综合控制方法，实现对该区域互花米草的成功治理。具体方法为：①围堰，阻断互花米草继续向外扩张，形成可控制调节的封闭区域；②刈割，在互花米草开花期进行割除，清除地上部分；③淹水，使互花米草地下根茎及其新生植株无法进行气体交换而窒息死亡；④晒地，放干水后晒地，改善长期水淹后的土壤理化条件；⑤定植，人工种植加速芦苇种群的恢复，抑制互花米草的重新入侵；⑥调水，调节水位、盐度，使其便于芦苇生长，形成有利于鸟类栖息、觅食的湿地生境。

图23　上海崇明东滩综合治理互花米草（赵相健摄）

85. 什么是外来有害生物控制的生境管理？

生境管理是一种保护性生物防治方法，指通过人为设计与布局功能群配置生境，创造一种有利于本地群落发展，而不利于入侵生物种群增长的环境条件，达到减小环境污染、增强生态系统的控害保益功能，最终实现入侵生物种群的可持续控制。生境管理的方法一方面是通过为害虫天敌提供食物、替代猎物或寄主，躲避不利干扰的庇护所等资源，扩大天敌的种群数量，将天敌控制害虫的效果最大化；另一方面是通过构建不适宜害虫取食和繁殖的环境条件抑制害虫种群发生。如糖蜜草 (*Melinis minutiflora*) 产生的挥发性物质可以对危害玉米的玉米螟 (*Pyrausta nubilalis*) 雌虫产生趋避作用，但又显著提高寄生性天敌大螟盘绒茧蜂 (*Cotesia sesamiae*) 的种群数量，通过玉米田中套种糖蜜草进行生境管理，可以明显降低玉米螟的危害，并且能够提高寄生蜂的寄生率。

86. 什么是二次入侵？

二次入侵（reinvasion）是指对特定区域内某种外来入侵物种治理清除后，该外来入侵物种从周边区域再次入侵到治理区域内的现象。由于外来入侵物种在入侵地具有较好的环境适应性，在与本土植物的竞争中通常处于优势，同时周边未治理区域分布着扩散源，因此对入侵地进行治理清除后，如后续管理措施不到位，很可能会发生二次入侵，大大降低了治理效果。如在上海崇明东滩经"刈割＋水位调节"集成技术治理互花米草后，如不对治理区域与周边区域进行隔离，则大量互花米草实生苗可能在春季随潮水沿潮沟等通道向恢复自然水文区扩散定居，2

年即可形成与周边群落无明显差异的二次入侵群落，而在物理隔离区，2 年内未发生互花米草的二次入侵现象。

87. 如何防止外来入侵物种形成二次入侵？

防止外来入侵物种的二次入侵，主要通过 4 个方面进行：消除治理区域周边一定范围内的扩散源；在治理区域外围设置隔离带以阻止其向治理区域内扩散；及时清除新进入的小规模外来入侵物种；种植本土植物占据生态位或进行生境管理，恢复本地功能群落，提高生态系统的稳定性，增强对外来种入侵的抵抗力。

外来入侵物种管理

88. 我们应该如何管理外来入侵物种?

管理外来入侵物种我们不仅仅只是找到新的技术方法来压制这个植物或那个动物,而是应该找到一个能够对这个被人类大量破坏和改造的自然世界进行反思、重整和修复的技术方法,同时,应尽我们所能来保护生物多样性丰富的区域。也就是说利用种群平衡、生物栖息地格局以及镶嵌分布能够恢复入侵受损生态系统的结构和功能,并将其修复为一个相对稳定的生态系统,从而减弱生物入侵的破坏力。

89. 我国外来种相关的法律、条例或管理办法有哪些?

我国目前尚未制定一部专门的外来种管理法律,现有法律中涉及外来种的主要法律有《中华人民共和国进出境动植物检疫法》《中华人民共和国植物检疫条例》《中华人民共和国动物防疫法》《中华人民共和国国境卫生检疫法》《中华人民共和国家畜家禽防疫条例》《农业转基因生物安全管理条例》《陆生野生动物保护实施条例》《中华人民共和国海洋环境保护法》《中华人民共和国环境保护法》。

90. 外来入侵物种调查方法有哪些?

尽管有些外来入侵物种比较容易发现和识别,但大多数外来入侵物种难以被发现,需要专门的调查才能发现。由于外来入侵物种涉及不同的类群,目前外来入侵物种调查均需要组建专家团队,邀请相应的动物、植物、微生物等相关类群的专家参与。外来入侵物种调查包括普查、特定场地调查和特定物种调查。普查是掌握外来入侵物种基本状况的常见方法，但是耗费人力、物力；特定场地调查一般以某个重要地点为目标开展调查；特定物种调查一般围绕调查物种，依据调查物种的生物学特征和分布范围制定调查方案，详细掌握目的物种的分布以及入侵危害状况。

91. 什么是外来入侵物种的排序管理？

为了实现针对性地管理，将外来入侵物种按照一定方法进行排序，然后确定需要优先管理的物种或者区域，达到以最小的管理成本将各种不利后果减少到最低程度的目的。外来入侵物种常见的排序管理包括两大类：一类是按照外来入侵物种进行排序管理，确定需要优先管理的物种；另一类是按照外来入侵物种发生的区域进行区域排序管理，确定需要优先管理的区域。国外如新西兰、澳大利亚、美国等国家针对外来入侵物种排序开展了大量研究，并在此基础上出台了一系列的政策和指南。

92. 常见的外来入侵物种优先排序的方法有哪些？

问卷调查法：国家级外来入侵物种清单通常采用问卷调查的方式来获取，首先使用一系列相似的问题一般包括外来入侵物种的生态影响、入侵性、目前和潜在的分布状况、控制的可能性这几方面进行评价。

指标定量法：根据外来入侵物种的生态影响、生物学特征、分布状况等构建指标体系，基于多重分析法确定一级指标与二级指标，并根据每个指标值的赋值，运用层次分析法确定每个指标的权重，计算获得每个外来入侵物种的值，在此基础上进行排序。

93. 什么是优先区域管理？

优先区域管理主要关注于不同区域的生物多样性保护价值、不同区域的外来入侵物种成功控制技术以及地区外来入侵物种管理资金的投入等，基于区域的保护价值、控制难易以及资金投入等确定优先管理区域，实现在区域上对外来入侵物种管理的分级，重点将资金、精力投放到外来入侵物种亟须控制与管理的区域，优先区域管理的目标主要是控制外来入侵物种的扩散和蔓延，并逐步实现外来入侵物种的防除。

94. 中国有哪些机构管理外来入侵物种？

中编办〔2003〕38 号文件中指出，由农业部作为外来入侵物种的牵头部门，会同环保、质检、林业及其他相关部门研究外来种管理的政策框架、风险评估策略和治理方案。

按照十一届全国人民代表大会第一次会议批准的国务院机构改革方案和《国务院关于机构设置的通知》（国发〔2008〕11 号），农业部主要牵头管理外来种。农业部与国家质量监督检验检疫总局在出入境动植物检疫方面的职责分工如下：农业部会同国家质量监督检验检疫总局起草出入境动植物检疫法律法规草案；农业部、国家质量监督检验检疫总局负责确定和调整禁止入境动植物名录并联合发布；国家质量监督检验检疫总局会同农业部制定并发布动植物及其产品出入境禁令、解禁令。在国际合作方面，农业部负责签署动植物检疫的政府间协议、协定；国家质量监督检验检疫总局负责签署与实施政府间动植物检疫协议、协定有关的协议和议定书，以及动植物检疫部门间的协议等。两部门要相互衔接，密切配合，共同做好出入境动植物检疫工作。

按照十一届全国人民代表大会第一次会议批准的国务院机构改革方案和《国务院关于机构设置的通知》（国发〔2008〕11号），环境保护部主要承担"指导、协调、监督各种类型的自然保护区、风景名胜区、森林公园的环境保护工作，协调和监督野生动植物保护、湿地环境保护、荒漠化防治工作。协调指导农村生态环境保护，监督生物技术环境安全，牵头生物物种（含遗传资源）工作，组织协调生物多样性保护"。中编办〔2003〕38号文件明确了环保部门在外来入侵物种管理中承担以下职责：

（1）"负责农业、林业以外其他领域（如自然保护区、生态功能保护区等自然生态系统）的监测工作，并对生物多样性和生态环境影响跟踪监测"。按职责分工在全国范围内开展外来种入侵情况普查，建立数据库，做到信息共享。

（2）参与质检部门牵头组织的"中国进出境动植物检疫风险分析委员会"，审核禁止入境动植物名录草稿。参与农业部牵头组织的风险评估专家委员会，对拟定的名录和对未列入名录的可疑生物进行风险评估以及解禁时进行风险评估。对有关部门审批新物种入境提出意见。

（3）组织开展外来种入侵问题的研究。负责相关国际公约的履行（即《生物多样性公约》）。

公众参与
防控外来入侵物种

95. 为什么外来入侵物种防控需要公众参与？

外来种入侵和人类活动息息相关，其发生往往在不经意间，加之外来入侵物种传入后存在潜伏期，政府很难面面俱到监测所有物种，需要公众参与到防止引种、预警预报、控制入侵的过程中来。

首先，外来入侵物种的入侵大多数与人类活动相关，比如公众在旅游或者日常活动中看到美丽的花卉、漂亮的动物都会有带回家的冲动，还有一些将饲养的宠物如巴西龟放生习惯都可能造成或加剧外来种入侵，另外我们日常的交通运输也会无意识携带外来种扩散，因此防治外来种入侵，更大程度需要调控人的行为，提升公众对外来种入侵危害的认识，然后让公众自发参与，防范外来入侵物种。

其次，外来种入侵范围广泛，几乎涉及陆地和水体的所有生态系统，农村、荒地、岛屿、海域、湖泊、城市绿化带、自然保护区等几乎到处可见外来入侵种的身影。政府及科研力量很难对所有生态系统、所有地区进行监测，需要扩大外来入侵物种宣传，让公众发挥作用，对自己看到不认识的大面积发生的植物，或突然发生的虫灾，有防范意识，建立与政府信息沟通的渠道，增强对外来入侵物种危害监测及预报能力。

最后，外来入侵物种清除控制的难度大，要将已经遭到破坏的生境加以恢复，需要耗费大量的人力物力，并需要较长的时间，这些都需要公众的参与。政府的作用毕竟是有限的，如果没有广大公众的支持和参与，应对外来种入侵的努力就难以取得成功。

96. 我们应该如何做好公众宣传？

让公众参与到入侵生物的防控管理中来，需要做好宣传，让公众认识入侵物种，了解入侵物种的危害，掌握预防与控制的办法，才能切实让公众从身边的点滴做起。

（1）丰富宣传教育内容。对于在我国已经成功入侵并造成严重后果的外来入侵物种应编制生动活泼的教育宣传册，让普通民众能够知晓，并能加以识别，以便形成"老鼠过街，人人喊打"的局面；并且配以图片让民众了解入侵物种对人体健康、生产生活、生物多样性造成的危害，让普通大众真正感知这些入侵物种的危害；宣传外来入侵物种扩散的途径，引导公众在日常生活中规避一些不良习惯。

（2）丰富宣传教育方式。利用电视、报纸和网络等媒体宣传教育，并且在学校的环境教育中增加外来种入侵的有关知识，以学校教育带动其他类型教育；推动以家庭教育为基础的社区教育；开展形式多样的宣传教育，如制作公益广告，利用环境日制作小册子免费发放等。

（3）加大对农村的宣传教育力度。农村是外来种发生的重灾区，农民防治外来种入侵的自主意识相对较强，但由于农村信息相对封闭，农民缺乏相关知识导致对入侵物种认识不够，需要加大对农村的宣传教育。

97. 为什么回国不能随身携带种子、鲜花、鲜肉、木质玩具等？

国际旅行是外来入侵物种进入中国的主要通道之一，回国时携带的种子、鲜花都有可能造成无意识的外来入侵物种传播，由于这些外来种在中国没有天敌，一旦遇到合适的生境很容易形成种群扩散并造成危害；而携带的鲜肉、鲜花、木质玩具极有可能成为其他生物，比如寄生生物、境外害虫的虫卵或有害微生物的载体。这些有害生物往往通过这种方式随着人员流动无意识被携带进入中国，由于大家对这些被携带的动物或微生物没有认识，很容易被传播扩散从而引起潜在的风险。查尔斯·埃尔顿 1958 年在《动植物入侵生态学》中提到"二战"前他从威斯康星州带回几个大个的美国橡子作为纪念，结果几天后发现从橡子中爬出金龟子的幼虫，幸运的是他及时将橡子投入沸水中杀死了幼虫，没有造成入侵危害。

目前，中国公众国际旅行越来越方便，也越来越频繁，由于大家对外来入侵物种的认识比较薄弱，对动植物认识的相对较少，因此尽量不要在国际旅行中携带种子、鲜花、鲜肉、木质玩具等有可能携带入侵动植物的物品回国。

图 24　将自己喜欢的花带回家
（引自徐景先等的书稿）

98. 为什么说公众不能随意放生?

日常生活中，我们常常见到放生的报道或现场，尤其是有些佛教人士或者信仰佛教的人们，更是不会错过放生的机会。应该说，他们的出发点是好的，但这种做法却不值得效仿。放生就是人为释放外来生物的一种方式，其范围主要包括人类饲养的各种宠物和水族馆的动物，缺乏科学指导的放生，往往会造成意想不到的严重后果。比如 2012 年在广西柳州发生的食人鲳 (*Pygocentrus nattereri*) "咬人"事件受到了各大新闻媒体的关注，7 月 7 日柳州一市民在柳江下白沙河段遭到河里 3 条食人鲳的凶猛攻击。食人鲳在泉州、长沙、重庆、青岛、扬州、福州、威海、沈阳等地相继以宠物销售的形式出现，这起伤人事件可能是随意放生或释放导致的。比如一些人放生巴西龟之类的外来入侵物种，导致它们在自然生态系统形成种群并对入侵地的其他生物造成威胁。

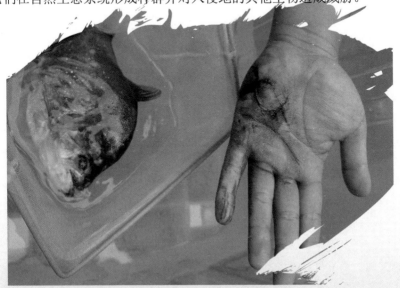

图 25　柳州食人鲳咬人事件（引自新华网）

一般来讲，随意放生造成的后果主要包括：

（1）造成外来种的入侵；

（2）破坏当地的生态平衡或食物链结构；

（3）有些珍稀濒危动物由于无法适应新的环境而死亡。

因此，放生应该在有关部门的科学指导下进行，对于个人饲养的宠物、观赏鱼类等，不能随意放生。

99. 如果发现或者怀疑外来入侵物种该怎么办？

如果发现某种动植物在当地造成危害，而且以前没有见过这种动植物或者确定这种动植物不是本地一直就有的物种，或者发现某种以前没有见过的病害，就有可能是一种外来入侵生物。当发现或怀疑外来生物入侵后，应及时与当地相关部门报告，并由这些部门鉴定是否发生外来入侵生物事件。

100. 如何办理国外引种检疫审批手续？

从国外引进种子、苗木和其他繁殖材料（国家禁止进境的除外），种苗引进单位或代理进口单位应当在对外签订贸易合同、协议三十日前向种苗种植地的省、自治区、直辖市植物检疫机构提出申请，办理国外引种检疫审批手续。

从国外引进可能潜伏有危险性病、虫的种子、苗木和其他繁殖材料，必须隔离试种，植物检疫机构应进行调查、观察和检疫，证明确实不带危险性病、虫的，方可种植。

101. 从国外引进种子、苗木等繁殖材料，需要符合哪些检疫要求？

通过贸易、科技合作、交换、赠送、援助等方式输入动植物、动植物产品和其他检疫物时，应当在合同或者协议中订明中国法定的检疫要求，并订明必须附有输出国家或者地区政府动植物检疫机关出具的检疫证书。

引进单位在申请引种前，应安排好试种计划。引种后，必须在指定的地点集中进行隔离试种，隔离试种的时间，一年生作物不得少于一个生育周期，多年生作物不得少于两年。证明确实不带检疫对象的，方可分散种植。如发现检疫对象或者其他危险性病、虫、杂草，应按照检疫机构的意见处理。

外来入侵物种
名单名录

102. 国际上 100 种恶性外来入侵物种有哪些？

世界自然保护联盟（IUCN）公布了世界上 100 种最具威胁的外来入侵物种，由于 2010 年牛瘟病毒宣布已经在野外根除，因此 2013 年这一物种从名单中删除，并根据专家意见用速生槐叶萍 (*Salvinia molesta*) 代替了该种。目前的名单请见下表（该名单以全球外来入侵物种数据库 Global Invasive Species Datebase 中的拉丁名为准）：

序号	物种	学名
		微生物
1	香蕉束顶病毒	*Banana bunchy topvirus*，BBTV
2	疟原虫	*Plasmodium relictum*
		真菌
3	龙虾瘟疫真菌	*Aphanomyces astaci*
4	毒蛙真菌	*Batrachochytrium dendrobatidis*
5	栗疫病	*Cryphonectria parasitica*
6	荷兰榆树病	*Ophiostoma ulmi sensu lato*
7	根腐菌	*Phytophthora cinnamomi*
		植物
8	黑荆	*Acacia mearnsii*
9	东方紫金牛	*Ardisia elliptica*
10	号角树	*Cecropia peltata*
11	大叶金鸡那树	*Cinchona pubescens*
12	银合欢	*Leucaena leucocephala*
13	白千层	*Melaleuca quinquenervia*
14	米氏野牡丹	*Miconia calvescens*
15	火树	*Morella faya*
16	海岸松	*Pinus pinaster*
17	牧豆树	*Prosopis glandulosa*
18	巴西胡椒木	*Schinus terebinthifolius*
19	火焰树	*Spathodea campanulata*
20	薇甘菊	*Mikania micrantha*
21	葛藤	*Pueraria montana var.lobata*
22	杉叶蕨藻	*Caulerpa taxifolia*
23	凤眼莲	*Eichhornia crassipes*
24	速生槐叶萍	*Salvinia molesta*
25	千屈菜	*Lythrum salicaria*
26	毛野牡丹藤	*Clidemia hirta*

序号	物种	学名
27	马缨丹	*Lantana camara*
28	含羞草	*Mimosa pigra*
29	仙人掌	*Opuntia dillenii*
30	椭圆悬钩子	*Rubus ellipticus*
31	荆豆	*Ulex europaeus*
32	粗壮女贞	*Ligustrum robustum*
33	草莓番石榴	*Psidium cattleianum*
34	多枝柽柳	*Tamarix ramosissima*
35	风筝果	*Hiptage benghalensis*
36	芦竹	*Arundo donax*
37	飞机草	*Eupatorium odoratum*
38	乳浆大戟	*Euphorbia esula*
39	金姜花	*Hedychium gardnerianum*
40	白茅	*Imperata cylindrica*
41	大米草	*Spartina anglica*
42	南美蟛蜞菊	*Sphagneticola trilobata*
43	虎杖	*Polygonum cuspidatum*（*Fallopia japonica*）
44	裙带菜	*Undaria pinnatifida*
无脊椎动物		
45	白纹伊蚊	*Aedes albopictus*
46	疟蚊	*Anopheles quadrimaculatus*
47	细足捷蚁	*Anoplolepis gracilipes*
48	光肩星天牛	*Anoplophora glabripennis*
49	烟粉虱	*Bemisia tabaci*
50	柏蚜	*Cinara cupressi*
51	家白蚁	*Coptotermes formosanus*
52	阿根廷蚁	*linepithema humile*
53	舞毒蛾	*Lymantria dispar*
54	大头蚁	*Pheidole megacephala*
55	扁虫	*Platydemus manokwari*
56	红火蚁	*Solenopsis invicta*
57	谷斑皮蠹	*Trogoderma granarium*
58	胡蜂	*Vespula vulgaris*
59	小火蚁	*Wasmannia auropunctata*
60	淡海栉水母	*Mnemiopsis leidyi*
61	平底海星	*Asterias amurensis*
62	巴西龟	*Trachemys scripta elegans*
63	欧洲滨蟹	*Carcinus maenas*
64	鱼钩水蚤	*Cercopagis pengoi*
65	中国大闸蟹	*Eriocheir sinensis*
66	非洲大蜗牛	*Achatina fulica*
67	黑龙江河兰蛤	*Potamocorbula amurensis*

序号	物种	学名
68	斑马纹贻贝	*Dreissena polymorpha*
69	玫瑰蜗牛	*Euglandina rosea*
70	紫贻贝	*Mytilus galloprovincialis*
71	福寿螺	*Pomacea canaliculata*
	脊椎动物	
72	蔗蟾	*Rhinella marine*（*Bufo marinus*）
73	多米尼加树蛙	*Eleutherodactylus coqui*
74	牛蛙	*Lithobates catesbeianus*（*Rana catesbeiana*）
75	山羊	*Capra hircus*
76	马鹿	*Cervus elaphus*
77	家猫	*Felis catus*
78	印度小猫鼬	*Herpestes auropunctatus*
79	食蟹猴	*Macaca fascicularis*
80	小家鼠	*Mus musculus*
81	白鼬	*Mustela erminea*
82	海狸鼠	*Myocastor coypus*
83	穴兔	*Oryctolagus cuniculus*
84	屋顶鼠	*Rattus rattus*
85	灰松鼠	*Sciurus carolinensis*
86	野猪	*Sus scrofa*
87	袋鼠	*Trichosurus vulpecula*
88	赤狐	*Vulpes vulpes*
89	棕树蛇	*Boiga irregularis*
90	蟾胡鲇	*Clarias batrachus*
91	鲤鱼	*Cyprinus carpio*
92	食蚊鱼	*Gambusia affinis*
93	尼罗尖吻鲈	*Lates niloticus*
94	大口黑鲈	*Micropterus salmoides*
95	虹鳟	*Oncorhynchus mykiss*
96	莫桑比克罗非鱼	*Oreochromis mossambicus*
97	鳟鱼	*Salmo trutta*
98	家八哥	*Acridotheres tristis*
99	黑喉红臀鹎	*Pycnonotus cafer*
100	欧洲八哥	*Sturnus vulgaris*

103. 国际上 100 种恶性外来入侵物种中有哪些已经在中国分布？

经文献查询，确认国际上 100 种恶性外来入侵物种在中国有分布的有 71 种，其中起源地在中国的有 20 种（见字体加粗的物种），这些物种在中国还没有造成危害；起源于其他国家的外来入侵物种共 51 种，其中香蕉束顶病毒首次在斐济发现，但其原产地不详，这些外来入侵物种一旦入侵，有可能对我国造成危害，需要加以防范。具体信息见下表：

序号	物种	学名	原生地	参考文献
微生物				
1	香蕉束顶病毒	*Banana bunchy topvirus, BBTV*	——	余乃通和刘志昕, 2011
真菌				
2	栗疫病	*Cryphonectria parasitica*	亚洲	郭世保等, 2005
植物				
3	黑荆	*Acacia mearnsii*	澳洲	中国植物志
4	东方紫金牛	*Ardisia elliptica*	印度西岸、斯里兰卡、印度支那、马来西亚、印尼与新几内亚	中国植物志
5	银合欢	*Leucaena leucocephala*	墨西哥与中美洲	中国植物志
6	海岸松	*Pinus pinaster*	地中海地区	中国植物志
7	巴西胡椒木	*Schinus terebinthifolius*	阿根廷、巴拉圭和巴西	王雪, 2013
8	火焰树	*Spathodea campanulata*	西非	中国植物志
9	薇甘菊	*Mikania micrantha*	中美洲与南美洲	李鸣光等, 2012
10	葛藤	*Pueraria montana* vav. *lobate*	亚洲	中国植物志
11	杉叶蕨藻	*Caulerpa taxifolia*	加勒比海的海岸、几内亚湾、红海、东非海岸、马尔代夫、塞舌尔群岛、印度洋北部海岸、南中国海、日本、夏威夷、斐济、新加勒多尼亚与热带/亚热带澳洲	丁兰平等, 2015
12	凤眼莲	*Eichhornia crassipes*	亚马孙河与巴西西部	中国植物志
13	千屈菜	*Lythrum salicaria*	欧洲、日本、中国、东南亚与印度北部	中国植物志
14	马缨丹	*Lantana camara*	热带	中国植物志
15	刺轴含羞草	*Mimosa pigra*	美洲热带地区	岳茂峰等, 2013
16	仙人掌	*Opuntia dillenii*	中美洲	中国植物志
17	椭圆悬钩子	*Rubus ellipticus*	亚洲，包括印度、斯里兰卡南部、缅甸，热带的中国与菲律宾	中国植物志
18	荆豆	*Ulex europaeus*	欧洲、英国与爱尔兰的西方海岸，可能还有意大利	中国植物志
19	粗壮女真	*Ligustrum robustum*	中国	中国植物志
20	多枝柽柳	*Tamarix ramosissima*	南欧到小亚细亚，向东至蒙古、中国西藏、中国中部与朝鲜	中国植物志
21	风筝果	*Hiptage benghalensis*	印度、亚洲南部和菲律宾	中国植物志

序号	物种	学名	原生地	参考文献
22	芦竹	*Arundo donax*	印度次大陆	中国植物志
23	飞机草	*Eupatorium odoratum*	南美洲与中美洲	中国植物志
24	乳浆大戟	*Euphorbia esula*	欧洲与温带的亚洲	中国植物志
25	金姜花	*Hedychium gardnerianum*	印度东部	胡秀等，2011
26	白茅	*Imperata cylindrica*	东南亚或东非	中国植物志
27	大米草	*Spartina anglica*	英国	中国植物志
28	南美蟛蜞菊	*Sphagneticola trilobata*	南美洲	刘永涛等，2013
29	虎杖	*Reynoutria japonica*	中国、日本、朝鲜	中国植物志
30	裙带菜	*Undaria pinnatifida*	日本、中国与韩国	苌钊，2013
31	白纹伊蚊	*Aedes albopictus*	亚洲	张润志等，2008
32	细足捷蚁	*Anoplolepis gracilipes*	可能是非洲或亚洲	GISD
33	光肩星天牛	*Anoplophora glabripennis*	中国与韩国	GISD
34	烟粉虱	*Bemisia tabaci*	亚洲或非洲	张润志等，2008
35	柏蚜	*Cinara cupressi*	可能是希腊东部到里海正南方	GISD
36	家白蚁	*Coptotermes formosanus*	中国	GISD
37	舞毒蛾	*Lymantria dispar*	欧洲南部、非洲北部、中亚和南亚、日本	张国财，2002
38	大头蚁	*Pheidole megacephala*	非洲	张润志等，2008
39	红火蚁	*Solenopsis invicta*	南美洲	GISD
40	谷斑皮蠹	*Trogoderma granarium*	亚洲	GISD
41	胡蜂	*Vespula vulgaris*	全北区	张润志等，2008
42	平底海星	*Asterias amurensis*	日本、中国北部、韩国、俄罗斯与远北太平洋水域	GISD
43	巴西龟	*Trachemys scripta elegans*	美国密西西比山谷	GISD
无脊椎动物				
44	中国大闸蟹	*Eriocheir sinensis*	中国福建	GISD
45	非洲大蜗牛	*Achatina fulica*	东非	GISD
46	玫瑰蜗牛	*Euglandina rosea*	美国东南部，尤其佛罗里达州	GISD
47	紫贻贝	*Mytilus galloprovincialis*	地中海、黑海与亚得里亚海	GISD
48	福寿螺	*Pomacea canaliculata*	南美洲	GISD
49	牛蛙	*Lithobates catebeianus* (*Rana catesbeiana*)	美国中部与东部、加拿大东南部	周伟等，2012
50	山羊	*Capra hircus*	东南亚和欧洲东部	
51	马鹿	*Cervus elaphus*	欧亚大陆	艾尼瓦尔·吐米尔等，2008
52	家猫	*Felis catus*	非洲	GISD

序号	物种	学名	原生地	参考文献
53	印度小猫鼬	*Herpestes auropunctatus*	阿拉伯北部、伊朗、伊拉克、阿富汗、巴基斯坦、印度、尼泊尔、孟加拉、缅甸、泰国、马来西亚、老挝、越南、中国南部	GISD
54	食蟹猴	*Macaca fascicularis*	亚洲大陆东南部	GISD
55	小家鼠	*Mus musculus*	印度次大陆	徐健, 2014
56	白鼬	*Mustela erminea*	欧亚大陆北部、北美洲	徐学良, 1975
57	海狸鼠	*Myocastor coypus*	阿根廷、玻利维亚、巴西南部、智利、巴拉圭、乌拉圭	GISD
58	穴兔	*Oryctolagus cuniculus*	伊利比亚半岛	庞有志, 2011
59	屋顶鼠	*Rattus rattus*	印度次大陆	徐海根和强盛, 2011
60	野猪	*Sus scrofa*	欧洲与亚洲大陆、马来半岛以及苏门答腊岛	李崇奇, 2005
61	赤狐	*Vulpes vulpes*	欧洲，北美洲的北非、大部分的亚洲与极北区	李路云等, 2014
62	蟾胡鲇	*Clarias batrachus*	东南亚	GISD
63	鲤鱼	*Cyprinus carpio*	欧洲	GISD
64	食蚊鱼	*Gambusia affinis*	美国南部、墨西哥北部	GISD
65	大口黑鲈	*Micropterus salmoides*	美国和墨西哥	GISD
66	虹鳟	*Oncorhynchus mykiss*	东太平洋	GISD
67	莫桑比克罗非鱼	*Oreochromis mossambicus*	非洲南部	GISD
68	鳟鱼	*Salmo trutta*	欧洲、非洲北部与亚洲西部	王炳谦等, 2014
脊椎动物				
69	家八哥	*Acridotheres tristis*	中亚与南亚	GISD
70	黑喉红臀鹎	*Pycnonotus cafer*	巴基斯坦到中国西南方	郑宝赉, 1983
71	欧洲八哥	*Sturnus vulgaris*	欧洲、亚洲西南部与北非	罗磊等, 2013

104. 环保部公布的第一批外来入侵物种名单包括哪些物种？

2003 年原国家环保总局发布了"第一批外来入侵物种名单"（环发〔2003〕11 号），包括植物 9 种，动物 7 种。物种名单如下：

序号	中文名	学名
植物		
1	紫茎泽兰	*Eupatorium adenophorum*
2	薇甘菊	*Mikaina micrantha*
3	空心莲子草	*Alternanthera philoxeroides*

序号	中文名	学名
4	豚草	*Ambrosia artemisiifolia*
5	毒麦	*Lolium temulentum*
6	互花米草	*Spartina alterniflora*
7	飞机草	*Eupatorium odoratum*
8	凤眼莲	*Eichhornia crassipes*
9	假高粱	*Sorghum halepense*
	动物	
10	蔗扁蛾	*Opogona sacchari*
11	湿地松粉蚧	*Oracella acuta*
12	红脂大小蠹	*Dendroctonus valens*
13	美国白蛾	*Hyphantria cunea*
14	非洲大蜗牛	*Achating fulica*
15	福寿螺	*Pomacea canaliculata*
16	牛蛙	*Rana catesbeiana*

105. 环保部公布的第二批外来入侵物种名单包括哪些物种?

2010 年环保部发布了"第二批外来入侵物种名单"（环发〔2010〕4 号），包括植物 10 种，动物 9 种。物种名单如下：

序号	中文名	学名
	植物	
1	马缨丹	*Lantana camara*
2	三裂叶豚草	*Ambrosia trifida*
3	大薸	*Pistia stratiotes*
4	加拿大一枝黄花	*Solidago canadensis*
5	蒺藜草	*Cenchrus echinatus*
6	银胶菊	*Parthenium hysterophorus*
7	黄顶菊	*Flaveria bidentis*
8	土荆芥	*Chenopodium ambrosioides*
9	刺苋	*Amaranthus spinosus*
10	落葵薯	*Anredera cordifolia*
	动物	
11	桉树枝瘿姬小蜂	*Leptocybe invasa*
12	稻水象甲	*Lissorhoptrus oryzophilus*
13	红火蚁	*Solenopsis invicta*

序号	中文名	学名
14	克氏原螯虾	*Procambarus clarkii*
15	苹果蠹蛾	*Cydia pomonella*
16	三叶草斑潜蝇	*Liriomyza trifolii*
17	松材线虫	*Bursaphelenchus xylophilus*
18	松突圆蚧	*Hemiberlesia pitysophila*
19	椰心叶甲	*Brontispa longissima*

106. 环保部公布的第三批外来入侵物种名单包括哪些物种？

2014年环保部与中科院联合发布了"第三批外来入侵物种名单"（环发〔2014〕57号），包括植物10种，动物8种。物种名单如下：

序号	中文名	学名
	植物	
1	反枝苋	*Amaranthus retroflexus*
2	钻形紫菀	*Aster subulatus*
3	三叶鬼针草	*Bidens pilosa*
4	小蓬草	*Conyza canadensis*
5	苏门白酒草	*Conyza bonariensis* var. *leiotheca*
6	一年蓬	*Erigeron annuus*
7	假臭草	*Praxelis clematidea*
8	刺苍耳	*Xanthium spinosum*
9	圆叶牵牛	*Ipomoea purpurea*
10	长刺蒺藜草	*Cenchrus pauciflorus*
	动物	
11	巴西龟	*Trachemyss cripta elegans*
12	豹纹脂身鲇	*Pterygoplichthys pardalis*
13	红腹锯鲑脂鲤	*Pygocentrus nattereri*
14	尼罗罗非鱼	*Oreochromis niloticus*
15	红棕象甲	*Rhynchophorus ferrugineus*
16	悬铃木方翅网蝽	*Corythucha ciliata*
17	扶桑绵粉蚧	*Phenacoccus solenopsis*
18	刺桐姬小蜂	*Quadrastichus erythrinae*

107. 中国自然保护区内常见外来入侵物种有哪些?

对我国国家级自然保护区的外来入侵物种数据进行统计,发现我国 53 个国家级自然保护区内分布有外来入侵物种 201 种,包括入侵植物 176 种和入侵动物 25 种(具体见附录 3),其中出现频次较高的外来入侵物种如下:

序号	中文名	学名	出现频次
		植物	
1	小蓬草	*Conyza canadensis*	0.74
2	一年蓬	*Erigeron annuus*	0.60
3	圆叶牵牛	*Ipomoea purpurea*	0.51
4	刺苋	*Amaranthus spinosus*	0.49
5	空心莲子草	*Alternanthera philoxeroides*	0.49
6	土荆芥	*Chenopodium ambrosioides*	0.45
7	苋	*Amaranthus tricolor*	0.43
8	三叶鬼针草	*Bidens pilosa*	0.43
9	藿香蓟	*Ageratum conyzoides*	0.40
		动物	
10	褐家鼠	*Rattus norvegicus*	0.30
11	福寿螺	*Pomacea canaliculata*	0.11
12	克氏原螯虾	*Procambarus clarkii*	0.09

主要参考文献

［1］ Allee W. C., Emerson A. E., Park O., *et al.*.1949. Principles of animal ecology. Philadelphia PA: W B Saunders.

［2］ Blossey B., Nötzold R. 1995. Evolution of increased competitive ability in invasive nonindigenous plants: a hypothesis. Journal of Ecology, 83(5): 887-889.

［3］ Callaway R. M., Ridenour W. M. 2004. Novel weapons: invasive success and the evolution of increased competitive ability. Frontiers in Ecology and the Environment, 2(8): 436-443.

［4］ Darby A.C.,Mcinnes C.J.,Wood A.R., *et al.* 2014. Novel host-related virulence factors are encoded by squirrelpox virus, the main causative agent of epidemic disease in red squirrels in the UK. PloS one, 9 (7): e96439.

［5］ Elton C.S. 1958. The ecology of invasions by animals and plants. Lonton: Metheun.

［6］ Feng Y. L., Lei Y. B., Wang R. F., *et al.* .2009. Evolutionary tradeoffs for nitrogen allocation to photosynthesis versus cell walls in an invasive plant. Proceedings of the National Academy of Sciences of the United States of America, 106(6): 1853-1856.

［7］ Gohole L. S., Overholt W. A., Khan Z. R., *et al.* 2005. Closerange host searching behavior of the stemborer parasitoids *Cotesia sesamiae* and *Dentichasmias busseolae*: Influence of a non-host plant *Melinis minutiflora*. Journal of Insect Behaviour, 18(2): 149-169.

［8］ Hierro J. L., Maron J. L., Callaway R. M. .2005. A biogeographical approach to plant invasions: the importance of studying exotics in their introduced and native range. Journal of Ecology, 93(1): 5-15.

［9］ Keane R. M., Crawley M. J. 2002. Exotic plant invasions and the enemy release hypothesis. Trends in Ecology & Evolution, 17(4): 164-170.

［10］Lockwood J. L., Cassey P., Blackburn H. J. *et al*. 2005. The role of propagule pressure in explaining species invasions. Trends in Ecology and Evolution, 20: 223-228.

［11］Messenger M. T., Nan-Yao S., Claudia H., *et al*. 2005. Elimination and Reinvasion Studies with *Coptotermes formosanus* (Isoptera: Rhinotermitidae) in Louisiana. Journal of Economic Entomology, 98(3): 916-929.

［12］Stephen J. O'Brien, Chief, Laboratory of Viral Carcinogenesis, National Cancer Institute (April 1992). "GENETIC EROSION A Global Dilemma". National Geographic (Posted online by Oslo Cyclotron Laboratory at the Department of Physics, UiO; The University of Oslo in Norway): 136. Retrieved 20 October 2007.

［13］Valery L., Fritz H., Lefeuvre J.C., *et al*. 2008. In search of a real definition of the biological invasion phenomenon itself. Biological Invasions, 10: 1345-1351.

［14］Andreas, Vilcinskas, Henrike, *et al*. .2014. Evolutionary ecology of microsporidia associated with the invasive ladybird Harmonia axyridis. Insect science,22(3):313-324.

［15］Wagner W.L. , Herbst D.R., Sohmer S.H. 1990. Manual of the Flowering Plants of Hawaii, Taxon,39(4):119-120.

［16］Xie Y., Li Z.Y., William P. G., *et al*. .2001.Invasive species in China – an overview. Biodiversity and Conservation, 10: 1317-1341.

［17］艾尼瓦尔·吐米尔, 董晓宇, 马合木提·哈力克. 2008. 中国马鹿 (*Cervus elaphus*) 新疆三个亚种的研究现状及展望. 新疆农业科学, 03: 504-510.

［18］曾玲, 陆永跃, 何晓芳, 等. 2005. 入侵中国大陆的红火蚁的鉴定及发生为害调查. 昆虫知识, 02: 144-148,230-231.

［19］苌钊. 2013. 裙带菜的综合利用研究. 中国海洋大学 :3.

［20］戴漂漂, 张旭珠, 肖晨子, 等. 2015. 农业景观害虫控制生境管理及植

物配置方法 . 中国生态农业学报 , 01: 9-19.

[21] 丁建清 , 付卫东 . 1996. 生物防治利用生物多样性保护生物多样性 .
生物多样性 ,04:38-43.

[22] 丁兰平 , 黄冰心 , 栾日孝 . 2015. 中国海洋绿藻门新分类系统 . 广西科
学 , 02: 201-210.

[23] 高增祥 , 季容 , 徐汝梅 , 等 . 2003. 外来种入侵的过程、机理和预测 .
生态学报 , 23(3): 549-569.

[24] 郭世保 , 徐瑞富 , 刘鸣韬 . 2005. 栗疫病研究进展 . 中国农学通报 ,
05:339-340,365.

[25] 胡秀 , 吴福川 , 刘念 . 2011. 中国姜花属十九个分类群的细胞学研究 .
广西植物 , 02: 175-180.

[26] 季荣 , 谢宝瑜 , 李欣海 , 等 . 2003. 外来入侵种——美国白蛾的研究进
展 . 昆虫知识 ,01:13-18.

[27] 李崇奇 . 2005. 基于线粒体序列变异探讨野猪系统地理学及家猪起源 .
南京师范大学 .

[28] 李霖 , 姚云珍 . 2007. 外来种入侵的遗传侵蚀 . 扬州教育学院学报 ,
25(4): 77-80.

[29] 李路云 , 王海东 , 张海 , 等 . 2014. 赤狐生境选择研究进展 . 安徽农业
科学 , 11: 3289-3292,3295.

[30] 李鸣光 , 鲁尔贝 , 郭强 , 等 . 2012. 入侵种薇甘菊防治措施及策略评估 .
生态学报 , 10: 3240-3251.

[31] 刘爱琴 , 马金卿 , 张凯 , 等 . 2011. 论我国林业生物入侵的现状及防控 .
防护林科技 ,03:49-50.

[32] 刘和香 , 张仪 , 周晓农 , 等 . 2005. 不同发育期福寿螺对广州管圆线虫
易感性的实验研究 . 中国寄生虫学与寄生虫病杂志 ,05:262-265.

[33] 刘勇涛 , 戴志聪 , 薛永来 , 等 . 2013. 外来入侵植物南美蟛蜞菊在中国
的适生区预测 . 广东农业科学 , 14: 174-178.

[34] 罗磊 , 韩宁 , 侯玉宝 , 等 . 2013. 陕西省鸟类新纪录——紫翅椋鸟 . 四

川动物 , 02: 282.

［35］马瑞燕 , 王韧 , 丁建清 . 2003. 利用传统生物防治控制外来杂草的入侵 . 生态学报 ,12:2677-2688.

［36］庞有志 . 2011. 家兔的实验动物学价值 . 中国养兔 , 09: 15-18.

［37］强胜 , 陈国奇 , 李保平 , 等 . 2010. 中国农业生态系统外来种入侵及其管理现状 . 生物多样性 ,06:647-659,674-675.

［38］邱德文 . 2011. 生物农药与生物防治发展战略浅谈 . 中国农业科技导报 ,05:88-92.

［39］邱式邦 , 杨怀文 . 2007. 生物防治——害虫综合防治的重要内容 . 植物保护 ,05:1-6.

［40］全球入侵物种资料库 (GISD 英文版). http://www.iucngisd.org/ gisd/100_worst.php.

［41］全球入侵物种资料库 (GISD 中文版). http://gisd.biodiv.tw/top100.php.

［42］隋淑光 . 2009. 生物入侵者 . 北京 : 少年儿童出版社 .

［43］万方浩 , 李保平 , 郭建英 , 等 . 2008. 生物入侵：生物防治篇 . 北京 : 科学出版社 .

［44］王炳谦 , 王芳 , 谷伟 , 等 . 2014. 不同养殖密度对褐鳟 (*Salmo trutta*) 稚鱼生长性能的影响 . 东北农业大学学报 , 12: 18-23.

［45］王雪 . 2013. 台中市都市公园植物景观研究 . 北京林业大学 .

［46］王瑶 , 刘建 , 王仁卿 . 2007. 阿利效应及其对生物入侵和自然保护中小种群管理的启示 . 山东大学学报 , 42(1): 76-82.

［47］肖德荣 , 祝振昌 , 袁琳 , 等 . 2012. 上海崇明东滩外来种互花米草二次入侵过程 . 应用生态学报 , 11: 2997-3002.

［48］肖英方 , 毛润乾 , 万方浩 .2013. 害虫生物防治新概念——生物防治植物及创新研究 . 中国生物防治学报 ,01:1-10.

［49］谢九祥 , 刘绍羽 , 王咏 , 等 . 2008. 园林引种生物入侵风险评价——以五叶地锦为例 . 防护林科技 ,03:19-21,28.

［50］徐承远，张文驹，卢宝荣，等．2001.生物入侵机制研究进展．生物多样性，9(4): 430-438.

［51］徐海根，强盛．2011.中国外来入侵生物．北京：中国科学出版社．

［52］徐海根，王建民，强胜，等．2004.外来种入侵·生物安全·遗传资源．北京：科学出版社．

［53］徐健．2014.中国小家鼠线粒体全基因组序列分析．鲁东大学．

［54］徐景先，毕海燕，李湘涛，等．2015.物种战争之化学武器．北京：中国社会出版社．

［55］徐学良．1975.分布在黑龙江省的白鼬．动物学杂志，03: 26-27.

［56］徐玉梅，侯云萍，史富强，等．2009.火焰树在普洱市引种培育试验初报．林业调查规划，05: 131-133.

［57］杨景成，王光美，姜闯道，等．2009.城市化影响下北京市外来入侵植物特征及其分布．生态环境学报，05:1857-1862.

［58］杨铭，杨桦，杨少雄，等．2006.农业外来有害生物入侵现状及防控对策．陕西师范大学学报(自然科学版),S1:22-26.

［59］余乃通，刘志昕．2011.香蕉束顶病毒研究新进展．微生物学通报，03: 396-404.

［60］岳茂峰，冯莉，田兴山，等．2013.基于MaxEnt的入侵植物刺轴含羞草的适生分布区预测．生物安全学报，03: 173-180.

［61］张国财．2002.舞毒蛾防治技术的研究．东北林业大学．

［62］张润志，张亚平，蒋有绪．2008.世界重要入侵害虫对中国的威胁．中国科学(C辑：生命科学),12: 1095-1102.

［63］张润志，薛大勇．2005.我国如何应对红火蚁入侵．中国科学院院刊,04:283-287.

［64］赵雪，王偁，李俊清，等．2008.沙地海岸松在国内外的研究进展．中国农学通报，07: 126-131.

［65］赵宇翔，吴坚，骆有庆，等．2015.中国外来林业有害生物入侵风险源

识别与防控对策研究 . 植物检疫 ,01:42-47.

［66］赵紫华 , 欧阳芳 , 门兴元 , 等 . 2013. 生境管理——保护性生物防治的发展方向 . 应用昆虫学报 , 04: 879-889.

［67］郑宝赉 . 1983. 红臀鹎分类地位的研究 . 动物分类学报 , 02: 220-224.

［68］中国植物志 (英文版). http://foc.eflora.cn/.

［69］中国植物志 (中文版).http://frps.eflora.cn/ .

［70］周伟 , 赵衡 , 杨熙 . 2012. 利用 GARP 生态位模型预测牛蛙和薇甘菊在中国的地理分布 . 西南林业大学学报 , 01: 51-55.

附录1 国家重点管理外来入侵物种名录（第一批）（农业部发布）

序号	中文名	学名
1	节节麦	*Aegilops tauschii*
2	紫茎泽兰	*Eupatorium adenophorum*
3	水花生（空心莲子草）	*Alternanthera philoxeroides*
4	长芒苋	*Amaranthus palmeri*
5	刺苋	*Amaranthus spinosus*
6	豚草	*Ambrosia artemisiifolia*
7	三裂叶豚草	*Ambrosia trifida*
8	少花蒺藜草	*Cenchrus pauciflorus*
9	飞机草	*Eupatorium odoratum*
10	水葫芦（凤眼莲）	*Eichhornia crassipes*
11	黄顶菊	*Flaveria bidentis*
12	马缨丹	*Lantana camara*
13	毒麦	*Lolium temulentum*
14	薇甘菊	*Mikania micrantha*
15	银胶菊	*Parthenium hysterophorus*
16	大薸	*Pistia stratiotes*
17	假臭草	*Eupatorium catarium*
18	刺萼龙葵	*Solanum rostratum*
19	加拿大一枝黄花	*Solidago canadensis*
20	假高粱	*Sorghum halepense*
21	互花米草	*Spartina alterniflora*
22	非洲大蜗牛	*Achatina fulica*
23	福寿螺	*Pomacea canaliculata*
24	纳氏锯脂鲤（食人鲳）	*Pygocentrus nattereri*
25	牛蛙	*Rana catesbeiana*
26	巴西龟	*Trachemys scripta elegans*
27	螺旋粉虱	*Aleurodicus dispersus*
28	橘小实蝇	*Bactrocera*（*Bactrocera*）*dorsalis*
29	瓜实蝇	*Bactrocera*（*Zeugodacus*）*cucurbitae*
30	烟粉虱	*Bemisia tabaci*
31	椰心叶甲	*Brontispa longissima*
32	枣实蝇	*Carpomya vesuviana*
33	悬铃木方翅网蝽	*Corythucha ciliata*
34	苹果蠹蛾	*Cydia pomonella*
35	红脂大小蠹	*Dendroctonus valens*

序号	中文名	学名
36	西花蓟马	*Frankliniella occidentalis*
37	松突圆蚧	*Hemiberlesia pitysophila*
38	美国白蛾	*Hyphantria cunea*
39	马铃薯甲虫	*Leptinotarsa decemlineata*
40	桉树枝瘿姬小蜂	*Leptocybe invasa*
41	美洲斑潜蝇	*Liriomyza sativae*
42	三叶草斑潜蝇	*Liriomyza trifolii*
43	稻水象甲	*Lissorhoptrus oryzophilus*
44	扶桑绵粉蚧	*Phenacoccus solenopsis*
45	刺桐姬小蜂	*Quadrastichus erythrinae*
46	红棕象甲	*Rhynchophorus ferrugineus*
47	红火蚁	*Solenopsis invicta*
48	松材线虫	*Bursaphelenchus xylophilus*
49	香蕉穿孔线虫	*Radopholus similis*
50	尖镰孢古巴专化型 4 号小种	*Fusarium oxysporum* f.sp. *cubense*
51	大豆疫霉病菌	*Phytophthora sojae*
52	番茄细菌性溃疡病菌	*Clavibacter michiganensis* subsp.*michiganensis*

附录 2 中国林业检疫性有害生物名单

序号	中文名	学名
1	松材线虫	*Bursaphelenchus xylophilus*
2	美国白蛾	*Hyphantria cunea*
3	苹果蠹蛾	*Cydia pomonella*
4	红脂大小蠹	*Dendroctonus valens*
5	双钩异翅长蠹	*Heterobostrychus aequalis*
6	杨干象	*Cryptorrhynchus lapathi*
7	锈色棕榈象	*Rhynchophorus ferrugineus*
8	青杨脊虎天牛	*Xylotrechus rusticus*
9	扶桑绵粉蚧	*Phenacoccus solenopsis*
10	红火蚁	*Solenopsis invicta*
11	枣实蝇	*Carpomya vesuviana*
12	落叶松枯梢病菌	*Botryosphaeria laricina*
13	松疱锈病菌	*Cronartium ribicola*
14	薇甘菊	*Mikania micrantha*

附录3　中国林业危险性有害生物名单

序号	中文名	学名
1	落叶松球蚜	*Adelges laricis*
2	苹果绵蚜	*Eriosoma lanigerum*
3	板栗大蚜	*Lachnus tropicalis*
4	葡萄根瘤蚜	*Viteus vitifolii*
5	栗链蚧	*Asterolecanium castaneae*
6	法桐角蜡蚧	*Ceroplastes ceriferus*
7	紫薇绒蚧	*Eriococcus lagerostroemiae*
8	枣大球蚧	*Eulecanium gigantea*
9	槐花球蚧	*Eulecanium kuwanai*
10	松针蚧	*Fiorinia jaonica*
11	松突圆蚧	*Hemiberlesia pitysophila*
12	吹绵蚧	*Icerya purchasi*
13	栗红蚧	*Kermes nawae*
14	柳蛎盾蚧	*Lepidosaphes salicina*
15	杨齿盾蚧	*Quadraspidiotus slavonicus*
16	日本松干蚧	*Matsucoccus matsumurae*
17	云南松干蚧	*Matsucoccus yunnanensis*
18	栗新链蚧	*Neoasterodiaspis castaneae*
19	竹巢粉蚧	*Nesticoccus sinensis*
20	湿地松粉蚧	*Oracella acuta*
21	白蜡绵粉蚧	*Phenacoccus fraxinus*
22	桑白蚧	*Pseudaulacaspis pentagona*
23	杨圆蚧	*Quadraspidiotus gigas*
24	梨圆蚧	*Quadraspidiotus perniciosus*
25	中华松梢蚧	*Sonsaucoccus sinensis*
26	卫矛矢尖蚧	*Unaspis euonymi*
27	温室白粉虱	*Trialeurodes vaporariorum*
28	沙枣木虱	*Trioza magnisetosa*
29	悬铃木方翅网蝽	*Corythucha ciliata*
30	西花蓟马	*Frankliniella occidentalis*
31	苹果小吉丁虫	*Agrilus mali*
32	花曲柳窄吉丁	*Agrilus marcopoli*
33	花椒窄吉丁	*Agrilus zanthoxylumi*
34	杨十斑吉丁	*Melanophila picta*
35	杨锦纹吉丁	*Poecilonota variolosa*
36	双斑锦天牛	*Acalolepta sublusca*
37	星天牛	*Anoplophora chinensis*
38	光肩星天牛	*Anoplophora glabripennis*

序号	中文名	学名
39	黑星天牛	*Anoplophora leechi*
40	皱绿柄天牛	*Aphrodisium gibbicolle*
41	栎旋木柄天牛	*Aphrodisium sauteri*
42	桑天牛	*Apriona germari*
43	锈色粒肩天牛	*Apriona swainsoni*
44	红缘天牛	*Asias halodendri*
45	云斑白条天牛	*Batocera horsfieldi*
46	花椒虎天牛	*Clytus validus*
47	麻点豹天牛	*Coscinesthes salicis*
48	栗山天牛	*Massicus raddei*
49	四点象天牛	*Mesosa myops*
50	松褐天牛	*Monochamus alternatus*
51	锈斑楔天牛	*Saperda balsamifera*
52	山杨楔天牛	*Saperda carcharias*
53	青杨天牛	*Saperda populnea*
54	双条杉天牛	*Semanotus bifasciatus*
55	粗鞘双条杉天牛	*Semanotus sinoauster*
56	光胸断眼天牛	*Tetropium castaneum*
57	家茸天牛	*Trichoferus campestris*
58	柳脊虎天牛	*Xylotrechus namanganensis*
59	紫穗槐豆象	*Acanthoscelides pallidipennis*
60	柠条豆象	*Kytorhinus immixtus*
61	椰心叶甲	*Brontispa longissima*
62	水椰八角铁甲	*Octodonta nipae*
63	油茶象	*Curculio chinensis*
64	榛实象	*Curculio dieckmanni*
65	麻栎象	*Curculio robustus*
66	剪枝栎实象	*Cyllorhynchites ursulus*
67	长足大竹象	*Cyrtotrachelus buqueti*
68	大竹象	*Cyrtotrachelus longimanus*
69	核桃横沟象	*Dyscerus juglans*
70	臭椿沟眶象	*Eucryptorrhynchus brandti*
71	沟眶象	*Eucryptorrhynchus chinensis*
72	萧氏松茎象	*Hylobitelus xiaoi*
73	杨黄星象	*Lepyrus japonicus*
74	一字竹象	*Otidognathus davidis*
75	松黄星象	*Pissodes nitidus*
76	榆跳象	*Rhynchaenus alini*
77	褐纹甘蔗象	*Rhabdoscelus lineaticollis*
78	华山松木蠹象	*Pissodes punctatus*
79	云南木蠹象	*Pissodes yunnanensis*
80	华山松大小蠹	*Dendroctonus armandi*
81	云杉大小蠹	*Dendroctonus micans*

序号	中文名	学名
82	光臀八齿小蠹	*Ips nitidus*
83	十二齿小蠹	*Ips sexdentatus*
84	落叶松八齿小蠹	*Ips subelongatus*
85	云杉八齿小蠹	*Ips typographus*
86	柏肤小蠹	*Phloeosinus aubei*
87	杉肤小蠹	*Phloeosinus sinensis*
88	横坑切梢小蠹	*Tomicus minor*
89	纵坑切梢小蠹	*Tomicus piniperda*
90	日本双棘长蠹	*Sinoxylon japonicus*
91	橘大实蝇	*Bactrocera minax*
92	蜜柑大实蝇	*Bactrocera tsuneonis*
93	美洲斑潜蝇	*Liriomyza sativae*
94	刺槐叶瘿蚊	*Obolodiplosis robiniae*
95	水竹突胸瘿蚊	*Planetella conesta*
96	柳瘿蚊	*Rhabdophaga salicis*
97	杨大透翅蛾	*Aegeria apiformis*
98	苹果透翅蛾	*Conopia hector*
99	白杨透翅蛾	*Parathrene tabaniformis*
100	杨干透翅蛾	*Sesia siningensis*
101	茶藨子透翅蛾	*Synanthedon tipuliformis*
102	核桃举肢蛾	*Atrijuglans hitauhei*
103	曲纹紫灰蝶	*Chilades pandava*
104	兴安落叶松鞘蛾	*Coleophora obducta*
105	华北落叶松鞘蛾	*Coleophora sinensis*
106	芳香木蠹蛾东方亚种	*Cossus cossus orientalis*
107	蒙古木蠹蛾	*Cossus mongolicus*
108	沙棘木蠹蛾	*Holcocerus hippophaecolus*
109	小木蠹蛾	*Holcocerus insularis*
110	咖啡木蠹蛾	*Zeuzera coffeae*
111	六星黑点豹蠹蛾	*Zeuzera leuconotum*
112	木麻黄豹蠹蛾	*Zeuzera multistrigata*
113	舞毒蛾	*Lymantria dispar*
114	广州小斑螟	*Oligochroa cantonella*
115	蔗扁蛾	*Opogona sacchari*
116	银杏超小卷蛾	*Pammene ginkgoicola*
117	云南松梢小卷蛾	*Rhyacionia insulariana*
118	苹果顶芽小卷蛾	*Spilonota lechriaspis*
119	柳蝙蛾	*Phassus excrescens*
120	柠条广肩小蜂	*Bruchophagus neocaraganae*
121	槐树种子小蜂	*Bruchophagus onois*
122	刺槐种子小蜂	*Bruchophagus philorobiniae*
123	落叶松种子小蜂	*Eurytoma laricis*
124	黄连木种子小蜂	*Eurytoma plotnikovi*

序号	中文名	学名
125	鞭角华扁叶蜂	*Chinolyda flagellicornis*
126	栗瘿蜂	*Dryocosmus kuriphilus*
127	桃仁蜂	*Eurytoma maslovskii*
128	杏仁蜂	*Eurytoma samsonoui*
129	桉树枝瘿姬小蜂	*Leptocybe invasa*
130	刺桐姬小蜂	*Quadrastichus erythrinae*
131	泰加大树蜂	*Urocerus gigas taiganus*
132	大痣小蜂	*Megastigmus* spp.
133	小黄家蚁	*Monomorium pharaonis*
134	尖唇散白蚁	*Reticulitermes aculabialis*
135	枸杞瘿螨	*Aceria macrodonis*
136	菊花叶枯线虫	*Aphelenchoides ritzemabosi*
137	南方根结线虫	*Meloidogyne incognita*
138	油茶软腐病菌	*Agaricodochium camelliae*
139	圆柏叶枯病菌	*Alternaria tenuis*
140	冬枣黑斑病菌	*Alternaria tenuissima*
141	杜仲种腐病菌	*Ashbya gossypii*
142	毛竹枯梢病菌	*Ceratosphaeria phyllostachydis*
143	松苗叶枯病菌	*Cercospora pini-densiflorae*
144	云杉锈病菌	*Chrysomyxa deformans*
145	青海云杉叶锈病菌	*Chrysomyxa qilianensis*
146	红皮云杉叶锈病菌	*Chrysomyxa rhododendri*
147	落叶松芽枯病菌	*Cladosporium tenuissimum*
148	炭疽病菌	*Colletotrichum gloeosporioides*
149	二针松疱锈病菌	*Cronartium flaccidum*
150	松瘤锈病菌	*Cronartium quercuum*
151	板栗疫病菌	*Cryptonectria parasitica*
152	桉树焦枯病菌	*Cylindrocladium quinqueseptatum*
153	杨树溃疡病菌	*Dothiorella gregaria*
154	松针红斑病菌	*Dothistroma pini*
155	枯萎病菌	*Fusarium oxysporum*
156	国槐腐烂病菌	*Fusarium tricinatum*
157	马尾松赤落叶病菌	*Hypoderma desmazierii*
158	落叶松癌肿病菌	*Lachnellula willkommii*
159	肉桂枝枯病菌	*Lasiodiplodia theobromae*
160	松针褐斑病菌	*Lecanosticta acicola*
161	梭梭白粉病菌	*Leveillula saxaouli*
162	落叶松落叶病菌	*Mycosphaerella larici-leptolepis*
163	杨树灰斑病菌	*Mycosphaerella mandshurica*
164	罗汉松叶枯病菌	*Pestalotia podocarpi*
165	杉木缩顶病菌	*Pestalotiopsis guepinii*
166	葡萄蔓割病菌	*Phomopsis viticola*

序号	中文名	学名
167	木菠萝果腐病菌	*Physalospora rhodina*
168	板栗溃疡病菌	*Pseudovalsella modonia*
169	合欢锈病菌	*Ravenelia japonica*
170	草坪草褐斑病菌	*Rhizoctonia solani*
171	木菠萝软腐病菌	*Rhizopus artocarpi*
172	葡萄黑痘病菌	*Sphaceloma ampelinum*
173	竹黑粉病菌	*Ustilago shiraiana*
174	杨树黑星病菌	*Venturia populina*
175	冠瘿病菌	*Agrobacterium tumefaciens*
176	柑橘黄龙病菌	*Candidatus liberobacter asiaticum*
177	杨树细菌性溃疡病菌	*Erwinia herbicola*
178	油橄榄肿瘤病菌	*Pseudomonas savastanoi*
179	猕猴桃细菌性溃疡病菌	*Pseudomonas syringae* pv. *actinidiae*
180	桉树青枯病菌	*Ralstonia solanacearum*
181	柑橘溃疡病菌	*Xanthomonas axonopodis* pv.*citri*
182	杨树花叶病毒	*Poplar mosaic virus*，PMV
183	竹子（泡桐）丛枝病菌	*Ca.Phytoplasm astris*
184	枣疯病	*Ca.Phytoplasm ziziphi*
185	无根藤	*Cassytha filiformis*
186	菟丝子类	*Cuscuta* spp.
187	紫茎泽兰	*Eupatorium adenophorum*
188	五爪金龙	*Ipomoea cairica*
189	金钟藤	*Merremia boisiana*
190	加拿大一枝黄花	*Solidago canadensis*

附录4 中华人民共和国进境植物检疫性有害生物名录

序号	中文名	学名
		昆虫
1	白带长角天牛	*Acanthocinus carinulatus*
2	菜豆象	*Acanthoscelides obtectus*
3	黑头长翅卷蛾	*Acleris variana*
4	窄吉丁（非中国种）	*Agrilus* spp. (non-Chinese)
5	螺旋粉虱	*Aleurodicus dispersus*
6	按实蝇属	*Anastrepha*
7	墨西哥棉铃象	*Anthonomus grandis*
8	苹果花象	*Anthonomus quadrigibbus*
9	香蕉肾盾蚧	*Aonidiella comperei*
10	咖啡黑长蠹	*Apate monachus*
11	梨矮蚜	*Aphanostigma piri*
12	辐射松幽天牛	*Arhopalus syriacus*
13	果实蝇属	*Bactrocera*
14	西瓜船象	*Baris granulipennis*
15	白条天牛（非中国种）	*Batocera* spp. (non-Chinese)
16	椰心叶甲	*Brontispa longissima*
17	埃及豌豆象	*Bruchidius incarnates*
18	苜蓿籽蜂	*Bruchophagus roddi*
19	豆象（属）（非中国种）	*Bruchus* spp. (non-Chinese)
20	荷兰石竹卷蛾	*Cacoecimorpha pronubana*
21	瘤背豆象（四纹豆象和非中国种）	*Callosobruchus* spp. (*maculatus*（F.）and non-Chinese)
22	欧非枣实蝇	*Carpomya incompleta*
23	枣实蝇	*Carpomya vesuviana*
24	松唐盾蚧	*Carulaspis juniperi*
25	阔鼻谷象	*Caulophilus oryzae*
26	小条实蝇属	*Ceratitis*
27	无花果蜡蚧	*Ceroplastes rusci*
28	松针盾蚧	*Chionaspis pinifoliae*
29	云杉色卷蛾	*Choristoneura fumiferana*
30	鳄梨象属	*Conotrachelus*
31	高粱瘿蚊	*Contarinia sorghicola*
32	乳白蚁（非中国种）	*Coptotermes* spp.(non-Chinese)
33	葡萄象	*Craponius inaequalis*
34	异胫长小蠹（非中国种）	*Crossotarsus* spp. (non-Chinese)
35	苹果异形小卷蛾	*Cryptophlebia leucotreta*
36	杨干象	*Cryptorrhynchus lapathi*

序号	中文名	学名
37	麻头砂白蚁	*Cryptotermes brevis*
38	斜纹卷蛾	*Ctenopseustis obliquana*
39	欧洲栗象	*Curculio elephas*
40	山楂小卷蛾	*Cydia janthinana*
41	樱小卷蛾	*Cydia packardi*
42	苹果蠹蛾	*Cydia pomonella*
43	杏小卷蛾	*Cydia prunivora*
44	梨小卷蛾	*Cydia pyrivora*
45	寡鬃实蝇（非中国种）	*Dacus* spp. (non-Chinese)
46	苹果瘿蚊	*Dasineura mali*
47	大小蠹（红脂大小蠹和非中国种）	*Dendroctonus* spp. (*valens* LeConte and non-Chinese)
48	石榴小灰蝶	*Deudorix isocrates*
49	根萤叶甲属	*Diabrotica*
50	黄瓜绢野螟	*Diaphania nitidalis*
51	蔗根象	*Diaprepes abbreviata*
52	小蔗螟	*Diatraea saccharalis*
53	混点毛小蠹	*Dryocoetes confusus*
54	香蕉灰粉蚧	*Dysmicoccus grassi*
55	新菠萝灰粉蚧	*Dysmicoccus neobrevipes*
56	石榴螟	*Ectomyelois ceratoniae*
57	桃白圆盾蚧	*Epidiaspis leperii*
58	苹果绵蚜	*Eriosoma lanigerum*
59	枣大球蚧	*Eulecanium gigantea*
60	扁桃仁蜂	*Eurytoma amygdali*
61	李仁蜂	*Eurytoma schreineri*
62	桉象	*Gonipterus scutellatus*
63	谷实夜蛾	*Helicoverpa zea*
64	合毒蛾	*Hemerocampa leucostigma*
65	松突圆蚧	*Hemiberlesia pitysophila*
66	双钩异翅长蠹	*Heterobostrychus aequalis*
67	李叶蜂	*Hoplocampa flava*
68	苹叶蜂	*Hoplocampa testudinea*
69	刺角沟额天牛	*Hoplocerambyx spinicornis*
70	苍白树皮象	*Hylobius pales*
71	家天牛	*Hylotrupes bajulus*
72	美洲榆小蠹	*Hylurgopinus rufipes*
73	长林小蠹	*Hylurgus ligniperda*
74	美国白蛾	*Hyphantria cunea*
75	咖啡果小蠹	*Hypothenemus hampei*
76	小楹白蚁	*Incisitermes minor*
77	齿小蠹（非中国种）	*Ips* spp.(non-Chinese)
78	黑丝盾蚧	*Ischnaspis longirostris*

序号	中文名	学名
79	杧果蛎蚧	*Lepidosaphes tapleyi*
80	东京蛎蚧	*Lepidosaphes tokionis*
81	榆蛎蚧	*Lepidosaphes ulmi*
82	马铃薯甲虫	*Leptinotarsa decemlineata*
83	咖啡潜叶蛾	*Leucoptera coffeella*
84	三叶斑潜蝇	*Liriomyza trifolii*
85	稻水象甲	*Lissorhoptrus oryzophilus*
86	阿根廷茎象甲	*Listronotus bonariensis*
87	葡萄花翅小卷蛾	*Lobesia botrana*
88	黑森瘿蚊	*Mayetiola destructor*
89	霍氏长盾蚧	*Mercetaspis halli*
90	橘实锤腹实蝇	*Monacrostichus citricola*
91	墨天牛（非中国种）	*Monochamus* spp. (non-Chinese)
92	甜瓜迷实蝇	*Myiopardalis pardalina*
93	白缘象甲	*Naupactus leucoloma*
94	黑腹尼虎天牛	*Neoclytus acuminatus*
95	蔗扁蛾	*Opogona sacchari*
96	玫瑰短喙象	*Pantomorus cervinus*
97	灰白片盾蚧	*Parlatoria crypta*
98	谷拟叩甲	*Pharaxonotha kirschi*
99	美柏肤小蠹	*Phloeosinus cupressi*
100	桉天牛	*Phoracantha semipunctata*
101	木蠹象属	*Pissodes*
102	南洋臀纹粉蚧	*Planococcus lilacius*
103	大洋臀纹粉蚧	*Planococcus minor*
104	长小蠹（属）（非中国种）	*Platypus* spp. (non-Chinese)
105	日本金龟子	*Popillia japonica*
106	橘花巢蛾	*Prays citri*
107	椰子缢胸叶甲	*Promecotheca cumingi*
108	大谷蠹	*Prostephanus trancatus*
109	澳洲蛛甲	*Ptinus tectus*
110	刺桐姬小蜂	*Quadrastichus erythrinae*
111	欧洲散白蚁	*Reticulitermes lucifugus*
112	褐纹甘蔗象	*Rhabdoscelus lineaticollis*
113	几内亚甘蔗象	*Rhabdoscelus obscurus*
114	绕实蝇（非中国种）	*Rhagoletis* spp. (non-Chinese)
115	苹虎象	*Rhynchites aequatus*
116	欧洲苹虎象	*Rhynchites bacchus*
117	李虎象	*Rhynchites cupreus*
118	日本苹虎象	*Rhynchites heros*
119	红棕象甲	*Rhynchophorus ferrugineus*
120	棕榈象甲	*Rhynchophorus palmarum*

序号	中文名	学名
121	紫棕象甲	*Rhynchophorus phoenicis*
122	亚棕象甲	*Rhynchophorus vulneratus*
123	可可盲蝽象	*Sahlbergella singularis*
124	楔天牛（非中国种）	*Saperda* spp. (non-Chinese)
125	欧洲榆小蠹	*Scolytus multistriatus*
126	欧洲大榆小蠹	*Scolytus scolytus*
127	剑麻象甲	*Scyphophorus acupunctatus*
128	刺盾蚧	*Selenaspidus articulatus*
129	双棘长蠹（非中国种）	*Sinoxylon* spp.(non-Chinese)
130	云杉树蜂	*Sirex noctilio*
131	红火蚁	*Solenopsis invicta*
132	海灰翅夜蛾	*Spodoptera littoralis*
133	猕猴桃举肢蛾	*Stathmopoda skelloni*
134	杧果象属	*Sternochetus*
135	梨蓟马	*Taeniothrips inconsequens*
136	断眼天牛（非中国种）	*Tetropium* spp. (non-Chinese)
137	松异带蛾	*Thaumetopoea pityocampa*
138	番木瓜长尾实蝇	*Toxotrypana curvicauda*
139	褐拟谷盗	*Tribolium destructor*
140	斑皮蠹（非中国种）	*Trogoderma* spp. (non-Chinese)
141	暗天牛属	*Vesperus*
142	七角星蜡蚧	*Vinsonia stellifera*
143	葡萄根瘤蚜	*Viteus vitifoliae*
144	材小蠹（非中国种）	*Xyleborus* spp. (non-Chinese)
145	青杨脊虎天牛	*Xylotrechus rusticus*
146	巴西豆象	*Zabrotes subfasciatus*
	软体动物	
147	非洲大蜗牛	*Achatina fulica*
148	硫球球壳蜗牛	*Acusta despecta*
149	花园葱蜗牛	*Cepaea hortensis*
150	散大蜗牛	*Helix aspersa*
151	盖罩大蜗牛	*Helix pomatia*
152	比萨茶蜗牛	*Theba pisana*
	真菌	
153	向日葵白锈病菌	*Albugo tragopogi* var. *helianthi*
154	小麦叶疫病菌	*Alternaria triticina*
155	榛子东部枯萎病菌	*Anisogramma anomala*
156	李黑节病菌	*Apiosporina morbosa*
157	松生枝干溃疡病菌	*Atropellis pinicola*
158	嗜松枝干溃疡病菌	*Atropellis piniphila*
159	落叶松枯梢病菌	*Botryosphaeria laricina*
160	苹果壳色单隔孢溃疡病菌	*Botryosphaeria stevensii*

序号	中文名	学名
161	麦类条斑病菌	*Cephalosporium gramineum*
162	玉米晚枯病菌	*Cephalosporium maydis*
163	甘蔗凋萎病菌	*Cephalosporium sacchari*
164	栎枯萎病菌	*Ceratocystis fagacearum*
165	云杉帚锈病菌	*Chrysomyxa arctostaphyli*
166	山茶花腐病菌	*Ciborinia camelliae*
167	黄瓜黑星病菌	*Cladosporium cucumerinum*
168	咖啡浆果炭疽病菌	*Colletotrichum kahawae*
169	可可丛枝病菌	*Crinipellis perniciosa*
170	油松疱锈病菌	*Cronartium coleosporioides*
171	北美松疱锈病菌	*Cronartium comandrae*
172	松球果锈病菌	*Cronartium conigenum*
173	松纺锤瘤锈病菌	*Cronartium fusiforme*
174	松疱锈病菌	*Cronartium ribicola*
175	桉树溃疡病菌	*Cryphonectria cubensis*
176	花生黑腐病菌	*Cylindrocladium parasiticum*
177	向日葵茎溃疡病菌	*Diaporthe helianthi*
178	苹果果腐病菌	*Diaporthe perniciosa*
179	大豆北方茎溃疡病菌	*Diaporthe phaseolorum* var. *caulivora*
180	大豆南方茎溃疡病菌	*Diaporthe phaseolorum* var. *meridionalis*
181	蓝莓果腐病菌	*Diaporthe vaccinii*
182	菊花花枯病菌	*Didymella ligulicola*
183	番茄亚隔孢壳茎腐病菌	*Didymella lycopersici*
184	松瘤锈病菌	*Endocronartium harknessii*
185	葡萄藤猝倒病菌	*Eutypa lata*
186	松树脂溃疡病菌	*Fusarium circinatum*
187	芹菜枯萎病菌	*Fusarium oxysporum* f.sp. *apii*
188	芦笋枯萎病菌	*Fusarium oxysporum* f.sp. *asparagi*
189	香蕉枯萎病菌（4号小种和非中国小种）	*Fusarium oxysporum* f.sp. *cubense*
190	油棕枯萎病菌	*Fusarium oxysporum* f.sp. *elaeidis*
191	草莓枯萎病菌	*Fusarium oxysporum* f.sp. *fragariae*
192	南美大豆猝死综合症病菌	*Fusarium tucumaniae*
193	北美大豆猝死综合症病菌	*Fusarium virguliforme*
194	燕麦全蚀病菌	*Gaeumannomyces graminis* var. *avenae*
195	葡萄苦腐病菌	*Greeneria uvicola*
196	冷杉枯梢病菌	*Gremmeniella abietina*
197	榲桲锈病菌	*Gymnosporangium clavipes*
198	欧洲梨锈病菌	*Gymnosporangium fuscum*
199	美洲山楂锈病菌	*Gymnosporangium globosum*
200	美洲苹果锈病菌	*Gymnosporangium juniperi-virginianae*
201	马铃薯银屑病菌	*Helminthosporium solani*
202	杨树炭团溃疡病菌	*Hypoxylon mammatum*
203	松干基褐腐病菌	*Inonotus weirii*

序号	中文名	学名
204	胡萝卜褐腐病菌	*Leptosphaeria libanotis*
205	十字花科蔬菜黑胫病菌	*Leptosphaeria maculans*
206	苹果溃疡病菌	*Leucostoma cincta*
207	铁杉叶锈病菌	*Melampsora farlowii*
208	杨树叶锈病菌	*Melampsora medusae*
209	橡胶南美叶疫病菌	*Microcyclus ulei*
210	美澳型核果褐腐病菌	*Monilinia fructicola*
211	可可链疫孢荚腐病菌	*Moniliophthora roreri*
212	甜瓜黑点根腐病菌	*Monosporascus cannonballus*
213	咖啡美洲叶斑病菌	*Mycena citricolor*
214	香菜腐烂病菌	*Mycocentrospora acerina*
215	松针褐斑病菌	*Mycosphaerella dearnessii*
216	香蕉黑条叶斑病菌	*Mycosphaerella fijiensis*
217	松针褐枯病菌	*Mycosphaerella gibsonii*
218	亚麻褐斑病菌	*Mycosphaerella linicola*
219	香蕉黄条叶斑病菌	*Mycosphaerella musicola*
220	松针红斑病菌	*Mycosphaerella pini*
221	可可花瘿病菌	*Nectria rigidiuscula*
222	新榆枯萎病菌	*Ophiostoma novo-ulmi*
223	榆枯萎病菌	*Ophiostoma ulmi*
224	针叶松黑根病菌	*Ophiostoma wageneri*
225	杜鹃花枯萎病菌	*Ovulinia azaleae*
226	高粱根腐病菌	*Periconia circinata*
227	玉米霜霉病菌（非中国种）	*Peronosclerospora* spp.(non-Chinese)
228	甜菜霜霉病菌	*Peronospora farinosa* f.sp. *betae*
229	烟草霜霉病菌	*Peronospora hyoscyami* f.sp. *tabacina*
230	苹果树炭疽病菌	*Pezicula malicorticis*
231	柑橘斑点病菌	*Phaeoramularia angolensis*
232	木层孔褐根腐病菌	*Phellinus noxius*
233	大豆茎褐腐病菌	*Phialophora gregata*
234	苹果边腐病菌	*Phialophora malorum*
235	马铃薯坏疽病菌	*Phoma exigua* f.sp. *foveata*
236	葡萄茎枯病菌	*Phoma glomerata*
237	豌豆脚腐病菌	*Phoma pinodella*
238	柠檬干枯病菌	*Phoma tracheiphila*
239	黄瓜黑色根腐病菌	*Phomopsis sclerotioides*
240	棉根腐病菌	*Phymatotrichopsis omnivora*
241	栗疫霉黑水病菌	*Phytophthora cambivora*
242	马铃薯疫霉绯腐病菌	*Phytophthora erythroseptica*
243	草莓疫霉红心病菌	*Phytophthora fragariae*
244	树莓疫霉根腐病菌	*Phytophthora fragariae* var. *rubi*
245	柑橘冬生疫霉褐腐病菌	*Phytophthora hibernalis*

序号	中文名	学名
246	雪松疫霉根腐病菌	*Phytophthora lateralis*
247	苜蓿疫霉根腐病菌	*Phytophthora medicaginis*
248	菜豆疫霉病菌	*Phytophthora phaseoli*
249	栎树猝死病菌	*Phytophthora ramorum*
250	大豆疫霉病菌	*Phytophthora sojae*
251	丁香疫霉病菌	*Phytophthora syringae*
252	马铃薯皮斑病菌	*Polyscytalum pustulans*
253	香菜茎瘿病菌	*Protomyces macrosporus*
254	小麦基腐病菌	*Pseudocercosporella herpotrichoides*
255	葡萄角斑叶焦病菌	*Pseudopezicula tracheiphila*
256	天竺葵锈病菌	*Puccinia pelargonii-zonalis*
257	杜鹃芽枯病菌	*Pycnostysanus azaleae*
258	洋葱粉色根腐病菌	*Pyrenochaeta terrestris*
259	油棕猝倒病菌	*Pythium splendens*
260	甜菜叶斑病菌	*Ramularia beticola*
261	草莓花枯病菌	*Rhizoctonia fragariae*
262	橡胶白根病菌	*Rigidoporus lignosus*
263	玉米褐条霜霉病菌	*Sclerophthora rayssiae* var. *zeae*
264	欧芹壳针孢叶斑病菌	*Septoria petroselini*
265	苹果球壳孢腐烂病菌	*Sphaeropsis pyriputrescens*
266	柑橘枝瘤病菌	*Sphaeropsis tumefaciens*
267	麦类壳多胞斑点病菌	*Stagonospora avenae* f. sp. *triticea*
268	甘蔗壳多胞叶枯病菌	*Stagonospora sacchari*
269	马铃薯癌肿病菌	*Synchytrium endobioticum*
270	马铃薯黑粉病菌	*Thecaphora solani*
271	小麦矮腥黑穗病菌	*Tilletia controversa*
272	小麦印度腥黑穗病菌	*Tilletia indica*
273	葱类黑粉病菌	*Urocystis cepulae*
274	唐菖蒲横点锈病菌	*Uromyces transversalis*
275	苹果黑星病菌	*Venturia inaequalis*
276	苜蓿黄萎病菌	*Verticillium albo-atrum*
277	棉花黄萎病菌	*Verticillium dahliae*
	原核生物	
278	兰花褐斑病菌	*Acidovorax avenae* subsp. *cattleyae*
279	瓜类果斑病菌	*Acidovorax avenae* subsp. *citrulli*
280	魔芋细菌性叶斑病菌	*Acidovorax konjaci*
281	桤树黄化植原体	Alder yellows phytoplasma
282	苹果丛生植原体	Apple proliferation phytoplasma
283	杏褪绿卷叶植原体	Apricot chlorotic leafroll phtoplasma
284	白蜡树黄化植原体	Ash yellows phytoplasma
285	蓝莓矮化植原体	Blueberry stunt phytoplasma
286	香石竹细菌性萎蔫病菌	*Burkholderia caryophylli*

序号	中文名	学名
287	洋葱腐烂病菌	*Burkholderia gladioli* pv. *alliicola*
288	水稻细菌性谷枯病菌	*Burkholderia glumae*
289	非洲柑橘黄龙病菌	*Candidatus Liberobacter africanum*
290	亚洲柑橘黄龙病菌	*Candidatus Liberobacter asiaticum*
291	澳大利亚植原体候选种	*Candidatus* Phytoplasma *australiense*
292	苜蓿细菌性萎蔫病菌	*Clavibacter michiganensis* subsp. *insidiosus*
293	番茄溃疡病菌	*Clavibacter michiganensis* subsp. *michiganensis*
294	玉米内州萎蔫病菌	*Clavibacter michiganensis* subsp. *nebraskensis*
295	马铃薯环腐病菌	*Clavibacter michiganensis* subsp. *sepedonicus*
296	椰子致死黄化植原体	Coconut lethal yellowing phytoplasma
297	菜豆细菌性萎蔫病菌	*Curtobacterium flaccumfaciens* pv. *flaccumfaciens*
298	郁金香黄色疱斑病菌	*Curtobacterium flaccumfaciens* pv. *oortii*
299	榆韧皮部坏死植原体	Elm phloem necrosis phytoplasma
300	杨树枯萎病菌	*Enterobacter cancerogenus*
301	梨火疫病菌	*Erwinia amylovora*
302	菊基腐病菌	*Erwinia chrysanthemi*
303	亚洲梨火疫病菌	*Erwinia pyrifoliae*
304	葡萄金黄化植原体	Grapevine flavescence dorée phytoplasma
305	来檬丛枝植原体	Lime witches' broom phytoplasma
306	玉米细菌性枯萎病菌	*Pantoea stewartii* subsp. *stewartii*
307	桃 X 病植原体	Peach X-disease phytoplasma
308	梨衰退植原体	Pear decline phytoplasma
309	马铃薯丛枝植原体	Potato witches' broom phytoplasma
310	菜豆晕疫病菌	*Pseudomonas savastanoi* pv. *phaseolicola*
311	核果树溃疡病菌	*Pseudomonas syringae* pv. *morsprunorum*
312	桃树溃疡病菌	*Pseudomonas syringae* pv. *persicae*
313	豌豆细菌性疫病菌	*Pseudomonas syringae* pv. *pisi*
314	十字花科黑斑病菌	*Pseudomonas syringae* pv. *maculicola*
315	番茄细菌性叶斑病菌	*Pseudomonas syringae* pv. *tomato*
316	香蕉细菌性枯萎病菌（2 号小种）	*Ralstonia solanacearum*
317	鸭茅蜜穗病菌	*Rathayibacter rathayi*
318	柑橘顽固病螺原体	*Spiroplasma citri*
319	草莓簇生植原体	Strawberry multiplier phytoplasma
320	甘蔗白色条纹病菌	*Xanthomonas albilineans*
321	香蕉坏死条纹病菌	*Xanthomonas arboricola* pv. *celebensis*
322	胡椒叶斑病菌	*Xanthomonas axonopodis* pv. *betlicola*
323	柑橘溃疡病菌	*Xanthomonas axonopodis* pv. *citri*
324	木薯细菌性萎蔫病菌	*Xanthomonas axonopodis* pv. *manihotis*
325	甘蔗流胶病菌	*Xanthomonas axonopodis* pv. *vasculorum*
326	杧果黑斑病菌	*Xanthomonas campestris* pv. *mangiferaeindicae*
327	香蕉细菌性萎蔫病菌	*Xanthomonas campestris* pv. *musacearum*
328	木薯细菌性叶斑病菌	*Xanthomonas cassavae*

序号	中文名	学名
329	草莓角斑病菌	*Xanthomonas fragariae*
330	风信子黄腐病菌	*Xanthomonas hyacinthi*
331	水稻白叶枯病菌	*Xanthomonas oryzae* pv. *oryzae*
332	水稻细菌性条斑病菌	*Xanthomonas oryzae* pv. *oryzicola*
333	杨树细菌性溃疡病菌	*Xanthomonas populi*
334	木质部难养细菌	*Xylella fastidiosa*
335	葡萄细菌性疫病菌	*Xylophilus ampelinus*
	线虫	
336	剪股颖粒线虫	*Anguina agrostis*
337	草莓滑刃线虫	*Aphelenchoides fragariae*
338	菊花滑刃线虫	*Aphelenchoides ritzemabosi*
339	椰子红环腐线虫	*Bursaphelenchus cocophilus*
340	松材线虫	*Bursaphelenchus xylophilus*
341	水稻茎线虫	*Ditylenchus angustus*
342	腐烂茎线虫	*Ditylenchus destructor*
343	鳞球茎茎线虫	*Ditylenchus dipsaci*
344	马铃薯白线虫	*Globodera pallida*
345	马铃薯金线虫	*Globodera rostochiensis*
346	甜菜胞囊线虫	*Heterodera schachtii*
347	长针线虫属（传毒种类）	*Longidorus*（The species transmit viruses）
348	根结线虫属（非中国种）	*Meloidogyne* (non-Chinese species)
349	异常珍珠线虫	*Nacobbus abberans*
350	最大拟长针线虫	*Paralongidorus maximus*
351	拟毛刺线虫属（传毒种类）	*Paratrichodorus*
352	短体线虫 (非中国种)	*Pratylenchus* (non-Chinese species)
353	香蕉穿孔线虫	*Radopholus similis*
354	毛刺线虫属（传毒种类）	*Trichodorus*（The species transmit viruses）
355	剑线虫属（传毒种类）	*Xiphinema*（The species transmit viruses）
	病毒及类病毒	
356	非洲木薯花叶病毒（类）	*African cassava mosaic virus*, ACMV
357	苹果茎沟病毒	*Apple stem grooving virus*, ASPV
358	南芥菜花叶病毒	*Arabis mosaic virus*, ArMV
359	香蕉苞片花叶病毒	*Banana bract mosaic virus*, BBrMV
360	菜豆荚斑驳病毒	*Bean pod mottle virus*, BPMV
361	蚕豆染色病毒	*Broad bean stain virus*, BBSV
362	可可肿枝病毒	*Cacao swollen shoot virus*, CSSV
363	香石竹环斑病毒	*Carnation ringspot virus*, CRSV
364	棉花皱叶病毒	*Cotton leaf crumple virus*, CLCrV
365	棉花曲叶病毒	*Cotton leaf curl virus*, CLCuV
366	豇豆重花叶病毒	*Cowpea severe mosaic virus*, CPSMV
367	黄瓜绿斑驳花叶病毒	*Cucumber green mottle mosaic virus*, CGMMV
368	玉米褪绿矮缩病毒	*Maize chlorotic dwarf virus*, MCDV

序号	中文名	学名
369	玉米褪绿斑驳病毒	*Maize chlorotic mottle virus*, MCMV
370	燕麦花叶病毒	*Oat mosaic virus*, OMV
371	桃丛簇花叶病毒	*Peach rosette mosaic virus*, PRMV
372	花生矮化病毒	*Peanut stunt virus*, PSV
373	李痘病毒	*Plum pox virus*, PPV
374	马铃薯帚顶病毒	*Potato mop-top virus*, PMTV
375	马铃薯 A 病毒	*Potato virus A*, PVA
376	马铃薯 V 病毒	*Potato virus V*, PVV
377	马铃薯黄矮病毒	*Potato yellow dwarf virus*, PYDV
378	李属坏死环斑病毒	*Prunus necrotic ringspot virus*, PNRSV
379	南方菜豆花叶病毒	*Southern bean mosaic virus*, SBMV
380	藜草花叶病毒	*Sowbane mosaic virus*, SoMV
381	草莓潜隐环斑病毒	*Strawberry latent ringspot virus*, SLRSV
382	甘蔗线条病毒	*Sugarcane streak virus*, SSV
383	烟草环斑病毒	*Tobacco ringspot virus*, TRSV
384	番茄黑环病毒	*Tomato black ring virus*, TBRV
385	番茄环斑病毒	*Tomato ringspot virus*, ToRSV
386	番茄斑萎病毒	*Tomato spotted wilt virus*, TSWV
387	小麦线条花叶病毒	*Wheat streak mosaic virus*, WSMV
388	苹果皱果类病毒	*Apple fruit crinkle viroid*, AFCVd
389	鳄梨日斑类病毒	*Avocado sunblotch viroid*, ASBVd
390	椰子死亡类病毒	*Coconut cadang-cadang viroid*, CCCVd
391	椰子败生类病毒	*Coconut tinangaja viroid*, CTiVd
392	啤酒花潜隐类病毒	*Hop latent viroid*, HLVd
393	梨疱症溃疡类病毒	*Pear blister canker viroid*, PBCVd
394	马铃薯纺锤块茎类病毒	*Potato spindle tuber viroid*, PSTVd
	杂草	
395	具节山羊草	*Aegilops cylindrica*
396	节节麦	*Aegilops squarrosa*
397	豚草（属）	*Ambrosia* spp.
398	大阿米芹	*Ammi majus*
399	细茎野燕麦	*Avena barbata*
400	法国野燕麦	*Avena ludoviciana*
401	不实野燕麦	*Avena sterilis*
402	硬雀麦	*Bromus rigidus*
403	疣果匙荠	*Bunias orientalis*
404	宽叶高加利	*Caucalis latifolia*
405	蒺藜草（属）（非中国种）	*Cenchrus* spp.(non-Chinese species)
406	铺散矢车菊	*Centaurea diffusa*
407	匍匐矢车菊	*Centaurea repens*
408	美丽猪屎豆	*Crotalaria spectabilis*
409	菟丝子（属）	*Cuscuta* spp.

序号	中文名	学名
410	南方三棘果	*Emex australis*
411	刺亦模	*Emex spinosa*
412	紫茎泽兰	*Eupatorium adenophorum*
413	飞机草	*Eupatorium odoratum*
414	齿裂大戟	*Euphorbia dentata*
415	黄顶菊	*Flaveria bidentis*
416	提琴叶牵牛花	*Ipomoea pandurata*
417	小花假苍耳	*Iva axillaris*
418	假苍耳	*Iva xanthifolia*
419	欧洲山萝卜	*Knautia arvensis*
420	野莴苣	*Lactuca pulchella*
421	毒莴苣	*Lactuca serriola*
422	毒麦	*Lolium temulentum*
423	薇甘菊	*Mikania micrantha*
424	列当（属）	*Orobanche* spp.
425	宽叶酢浆草	*Oxalis latifolia*
426	臭千里光	*Senecio jacobaea*
427	北美刺龙葵	*Solanum carolinense*
428	银毛龙葵	*Solanum elaeagnifolium*
429	刺萼龙葵	*Solanum rostratum*
430	刺茄	*Solanum torvum*
431	黑高粱	*Sorghum almum*
432	假高粱（及其杂交种）	*Sorghum halepense*(Johnsongrass and its cross breeds)
433	独脚金（属）（非中国种）	*Striga* spp.(non-Chinese species)
434	翅蒺藜	*Tribulus alatus*
435	苍耳（属）（非中国种）	*Xanthium* spp. (non-Chinese species)

注 1：非中国种是指中国未有发生的种；
　 2：非中国小种是指中国未有发生的小种；
　 3：传毒种类是指可以作为植物病毒传播介体的线虫种类。

附录 5 国家级自然保护区外来入侵物种名单

序号	物种名	学名	类别	起源
			植物部分	
1	刺苞果	*Acanthospermum autrale*	菊科 (Asteraceae)	南美洲
2	刺苍耳	*Xanthium spinosum*	菊科 (Asteraceae)	美国
3	粗毛牛膝菊	*Galinsoga quadriradiata*	菊科 (Asteraceae)	墨西哥
4	大花金鸡菊	*Coreopsis grandiflora*	菊科 (Asteraceae)	美国
5	大狼杷草	*Bidens frondosa*	菊科 (Asteraceae)	北美洲
6	飞机草	*Eupatorium odoratum*	菊科 (Asteraceae)	墨西哥
7	三叶鬼针草	*Bidens pilosa*	菊科 (Asteraceae)	美洲
8	黄顶菊	*Flaveria bidentis*	菊科 (Asteraceae)	北美洲
9	藿香蓟	*Ageratum conyzoides*	菊科 (Asteraceae)	热带美洲
10	加拿大一枝黄花	*Solidago canadensis*	菊科 (Asteraceae)	北美
11	假臭草	*Praxelis clematidea*	菊科 (Asteraceae)	南美洲
12	剑叶金鸡菊	*Coreopsis lanceolata*	菊科 (Asteraceae)	美国
13	金鸡菊	*Coreopsis drummondii*	菊科 (Asteraceae)	美国
14	金腰箭	*Synedrella nodiflora*	菊科 (Asteraceae)	南美洲
15	菊芋	*Helianthus tuberosus*	菊科 (Asteraceae)	北美洲
16	苦苣菜	*Sonchus oleraceus*	菊科 (Asteraceae)	欧洲和地中海沿岸
17	蓝花野茼蒿	*Crassocephalum rubens*	菊科 (Asteraceae)	热带非洲
18	鳢肠	*Eclipta prostrata*	菊科 (Asteraceae)	美国
19	梁子菜	*Erechthites hieraci folia*	菊科 (Asteraceae)	热带美洲
20	裸柱菊	*Soliva anthemifolia*	菊科 (Asteraceae)	南美洲
21	牛膝菊	*Galinsoga parviflora*	菊科 (Asteraceae)	南美洲
22	欧洲千里光	*Senecio vulgaris*	菊科 (Asteraceae)	欧洲
23	铺散矢车菊	*Centaurea diffusa*	菊科 (Asteraceae)	西亚和欧洲
24	蒲公英	*Taraxacum mongolicum*	菊科 (Asteraceae)	欧洲
25	秋英	*Cosmos bipinnata*	菊科 (Asteraceae)	墨西哥和美国西南部
26	三裂蟛蜞菊	*Sphagneticola*	菊科 (Asteraceae)	热带美洲
27	三裂叶豚草	*Ambrosia trifida*	菊科 (Asteraceae)	北美洲
28	水飞蓟	*Silybum marianum*	菊科 (Asteraceae)	西亚、北非、南欧等地中海地区
29	苏门白酒草	*Conyza sumatrensis*	菊科 (Asteraceae)	南美洲
30	茼蒿	*Chrysanthemum coronarium*	菊科 (Asteraceae)	地中海
31	豚草	*Ambrosia artemisiifolia*	菊科 (Asteraceae)	中美和北美洲
32	万寿菊	*Tagetes erecta*	菊科 (Asteraceae)	北美洲
33	薇甘菊	*Mikania micrantha*	菊科 (Asteraceae)	中、南美洲
34	香丝草	*Conyza bonariensis*	菊科 (Asteraceae)	南美洲
35	小蓬草	*Conyza canadensis*	菊科 (Asteraceae)	北美洲

序号	物种名	学名	类别	起源
36	熊耳草	*Ageratum houstonianum*	菊科 (Asteraceae)	热带美洲
37	续断菊	*Sonchus asper*	菊科 (Asteraceae)	欧洲和地中海
38	野茼蒿	*Crassocephalum crepidioides*	菊科 (Asteraceae)	非洲
39	一年蓬	*Erigeron annuus*	菊科 (Asteraceae)	北美洲
40	意大利苍耳	*Xanthium italicum*	菊科 (Asteraceae)	欧洲和北美洲
41	银胶菊	*Parthenium hysterophorus*	菊科 (Asteraceae)	热带美洲
42	羽芒菊	*Tridax procumbens*	菊科 (Asteraceae)	热带美洲
43	长喙婆罗门参	*Tragopogon dubius*	菊科 (Asteraceae)	中亚和欧洲
44	肿柄菊	*Tithonia diversifolia*	菊科 (Asteraceae)	墨西哥
45	紫茎泽兰	*Eupatorium adenophorum*	菊科 (Asteraceae)	墨西哥
46	钻形紫菀	*Aster subulatus*	菊科 (Asteraceae)	北美洲
47	大米草	*Spartina anglica*	禾本科 (Poaceae)	英国
48	大黍	*Panicum maximum*	禾本科 (Poaceae)	热带非洲地区
49	地毯草	*Axonopus compressus*	禾本科 (Poaceae)	热带美洲
50	毒麦	*Lolium temulentum*	禾本科 (Poaceae)	欧洲
51	多花黑麦草	*Lolium multiflorum*	禾本科 (Poaceae)	欧洲
52	黑麦	*Secale cereale*	禾本科 (Poaceae)	栽培起源
53	黑麦草	*Lolium perenne*	禾本科 (Poaceae)	欧洲
54	红毛草	*Melinis repens*	禾本科 (Poaceae)	非洲
55	互花米草	*Spartina alterniflora*	禾本科 (Poaceae)	北美洲大西洋沿岸
56	蒺藜草	*Cenchrus echinatus*	禾本科 (Poaceae)	热带美洲
57	假高粱	*Sorghum halepense*	禾本科 (Poaceae)	地中海沿岸
58	节节麦	*Aegilops Eriancialis*	禾本科 (Poaceae)	欧洲
59	两耳草	*Paspalum conjugatum*	禾本科 (Poaceae)	热带美洲
60	芒麦草	*Hordeum jubatum*	禾本科 (Poaceae)	北美洲和西伯利亚
61	铺地黍	*Panicum repens*	禾本科 (Poaceae)	欧洲南部
62	梯牧草	*Phleum pratense*	禾本科 (Poaceae)	欧洲
63	野燕麦	*Avena fatua*	禾本科 (Poaceae)	欧洲南部和地中海沿岸
64	棕叶狗尾草	*Setaria palmifolia*	禾本科 (Poaceae)	非洲
65	凹头苋	*Amaranthus lividus*	苋科 (Amaranthaceae)	热带美洲
66	北美苋	*Amaranthus blitoides*	苋科 (Amaranthaceae)	北美洲
67	刺花莲子草	*Alternanthera pungens*	苋科 (Amaranthaceae)	南美洲
68	刺苋	*Amaranthus spinosus*	苋科 (Amaranthaceae)	热带美洲
69	繁穗苋	*Amaranthus Cruentas*	苋科 (Amaranthaceae)	中美洲
70	反枝苋	*Amaranthus retroflexus*	苋科 (Amaranthaceae)	美洲
71	合被苋	*Amaranthus polygonoides*	苋科 (Amaranthaceae)	美国西南部和墨西哥
72	鸡冠花	*Celosia cristata*	苋科 (Amaranthaceae)	热带美洲
73	绿穗苋	*Amaranthus hybridus*	苋科 (Amaranthaceae)	美洲
74	青葙	*Celosia argentea*	苋科 (Amaranthaceae)	印度
75	尾穗苋	*Amaranthus caudatus*	苋科 (Amaranthaceae)	热带美洲
76	空心莲子草	*Alternanthera philoxeroides*	苋科 (Amaranthaceae)	巴西
77	苋	*Amaranthus tricolor*	苋科 (Amaranthaceae)	印度

序号	物种名	学名	类别	起源
78	银花苋	*Gomphrena celosioides*	苋科 (Amaranthaceae)	热带美洲
79	皱果苋	*Amaranthus viridis*	苋科 (Amaranthaceae)	南美洲
80	白车轴草	*Trifolium repens*	豆科 (Leguminosae)	北非、中亚和欧洲
81	白香草木犀	*Melilotus albus*	豆科 (Leguminosae)	西亚至南欧
82	刺槐	*Robinia pseudoacacia*	豆科 (Leguminosae)	北美洲
83	光荚含羞草	*Mimosa bimucronata*	豆科 (Leguminosae)	热带美洲
84	含羞草	*Mimosa pudica*	豆科 (Leguminosae)	热带美洲
85	含羞草决明	*Chamaecrista mimosoides*	豆科 (Leguminosae)	热带美洲
86	红车轴草	*Trifolium pratense*	豆科 (Leguminosae)	北非、中亚、西亚和欧洲
87	龙牙花	*Erythrina corallodendron*	豆科 (Leguminosae)	南美洲
88	南苜蓿	*Medicago polymorpha*	豆科 (Leguminosae)	北非、西亚、南欧
89	酸豆	*Tamarindus indica*	豆科 (Leguminosae)	热带非洲
90	望江南	*Cassia occidentalis*	豆科 (Leguminosae)	热带美洲
91	无刺巴西含羞草	*Mimosa diplotricha*	豆科 (Leguminosae)	热带美洲
92	银合欢	*Leucaena leucocephala*	豆科 (Leguminosae)	热带美洲
93	紫苜蓿	*Medicago sativa*	豆科 (Leguminosae)	西亚
94	刺萼龙葵	*Solanum rostratum*	茄科 (Solanaceae)	北美洲
95	灯笼草	*Physalis peruviana*	茄科 (Solanaceae)	南美洲
96	颠茄	*Atropa belladonna*	茄科 (Solanaceae)	欧洲
97	假酸浆	*Nicandra physalodes*	茄科 (Solanaceae)	秘鲁
98	假烟叶树	*Solanum erianthum*	茄科 (Solanaceae)	南美洲
99	喀西茄	*Solanum aculeatissimum*	茄科 (Solanaceae)	巴西
100	曼陀罗	*Datura stramonium*	茄科 (Solanaceae)	墨西哥
101	毛酸浆	*Physalis philadelphica*	茄科 (Solanaceae)	墨西哥
102	牛茄子	*Solanum Capsicoide*	茄科 (Solanaceae)	巴西
103	水茄	*Solanum torvum*	茄科 (Solanaceae)	加勒比海
104	洋金花	*Datura metel*	茄科 (Solanaceae)	热带美洲
105	夜香树	*Cestrum nocturnum*	茄科 (Solanaceae)	美洲
106	斑地锦	*Euphorbia maculata*	大戟科 (Euphorbiaceae)	北美洲
107	蓖麻	*Ricinus communis*	大戟科 (Euphorbiaceae)	东非
108	飞扬草	*Euphorbia hirta*	大戟科 (Euphorbiaceae)	热带美洲
109	膏桐	*Jatropha curcas*	大戟科 (Euphorbiaceae)	热带美洲
110	蓖麻	*Ricinus communis*	大戟科 (Euphorbiaceae)	东非
111	茑萝	*Ipomoea quamoclit*	旋花科 (Convolvulaceae)	美洲
112	牵牛	*Ipomoea nil*	旋花科 (Convolvulaceae)	南美洲

序号	物种名	学名	类别	起源
113	三裂叶薯	*Ipomoea triloba*	旋花科 (Convolvulaceae)	西印度群岛
114	五爪金龙	*Ipomoea cairica*	旋花科 (Convolvulaceae)	美洲
115	圆叶牵牛	*Ipomoea purpurea*	旋花科 (Convolvulaceae)	美洲
116	阿拉伯婆婆纳	*Veronica persica*	玄参科 (Scrophulariaceae)	西亚
117	婆婆纳	*Veronica Polita*	玄参科 (Scrophulariaceae)	西亚
118	野甘草	*Scoparia dulcis*	玄参科 (Scrophulariaceae)	热带美洲
119	直立婆婆纳	*Veronica arvensis*	玄参科 (Scrophulariaceae)	南欧和西亚
120	北美独行菜	*Lepidium virginicum*	十字花科 (Brassicaceae)	北美洲
121	臭荠	*Coronopus didymus*	十字花科 (Brassicaceae)	南美
122	豆瓣菜	*Nasturtium officinale*	十字花科 (Brassicaceae)	西亚和欧洲
123	密花独行菜	*Lepidium densiflorum*	十字花科 (Brassicaceae)	北美洲
124	荠菜	*Capsella bursa-pastoris*	十字花科 (Brassicaceae)	西亚和欧洲
125	草龙	*Ludwigia hyssopifolia*	柳叶菜科 (Onagraceae)	热带亚洲和大洋洲
126	山桃草	*Gaura lindheimeri*	柳叶菜科 (Onagraceae)	北美洲
127	小花山桃草	*Gaura parviflora*	柳叶菜科 (Onagraceae)	北美中南部
128	月见草	*Oenothera biennis*	柳叶菜科 (Onagraceae)	北美洲东部
129	泡果苘	*Herissantia Cripa*	锦葵科 (Malvaceae)	美洲热带和亚热带地区
130	苘麻	*Abutilon theophrasti*	锦葵科 (Malvaceae)	印度
131	赛葵	*Malvastrum coromandelianum*	锦葵科 (Malvaceae)	美洲
132	野西瓜苗	*Hibiscus trionum*	锦葵科 (Malvaceae)	非洲
133	刺芹	*Eryngium foetidum*	伞形科 (Umbelliferae)	中美洲
134	细叶芹	*chaerophyllum villosum*	伞形科 (Umbelliferae)	南美洲
135	野胡萝卜	*Daucus carota*	伞形科 (Umbelliferae)	欧洲
136	葱兰	*Zephyranthes candida*	石蒜科 (Amaryllidaceae)	南美洲
137	花朱顶红	*Hippeastrum vittatum*	石蒜科 (Amaryllidaceae)	南美洲
138	龙舌兰	*Agave americana*	石蒜科 (Amaryllidaceae)	热带美洲
139	北美车前	*Plantago virginica*	车前科 (Plantaginaceae)	北美洲

序号	物种名	学名	类别	起源
140	长叶车前	*Plantago lanceolata*	车前科 (Plantaginaceae)	欧洲
141	单刺仙人掌	*Opuntia monacantha*	仙人掌科 (Cactaceae)	南美洲
142	仙人掌	*Opuntia dillenii*	仙人掌科 (Cactaceae)	加勒比海
143	吊球草	*Hyptis rhomboidea*	唇形科 (Lamiaceae)	热带美洲
144	山香	*Hyptis suaveolens*	唇形科 (Lamiaceae)	热带美洲
145	番石榴	*Psidium guajava*	桃金娘科 (Myrtaceae)	热带美洲
146	蓝桉	*Eucalyptus globulus*	桃金娘科 (Myrtaceae)	澳大利亚东南部
147	风车草	*Cyperus involucratus*	莎草科 (Cyperaceae)	东非和阿拉伯半岛
148	香附子	*Cyperus rotundus*	莎草科 (Cyperaceae)	原产于印度
149	假马鞭草	*Stachytarpheta jamaicensis*	马鞭草科 (Verbenaceae)	热带美洲
150	马缨丹	*Lantana camara*	马鞭草科 (Verbenaceae)	热带美洲
151	龙珠果	*Passiflora foetida*	西番莲科 (Passifloraceae)	热带美洲
152	西番莲	*Passiflora coerulea*	西番莲科 (Passifloraceae)	热带美洲
153	落葵	*Basella alba*	落葵科 (Basellaceae)	热带美洲
154	落葵薯	*Anredera cordifolia*	落葵科 (Basellaceae)	南美洲
155	琉璃苣	*Borago officinalis*	紫草科 (Boraginaceae)	欧洲
156	草胡椒	*Peperomia pellucida*	胡椒科 (Piperaceae)	热带美洲
157	垂序商陆	*Phytolacca americana*	商陆科 (Phytolaccaceae)	北美
158	大麻	*Cannabis sativa*	桑科 (Moraceae)	不丹、印度及中亚
159	大薸	*Pistia stratiotes*	天南星科 (Araceae)	巴西
160	凤仙花	*Impatiens balsamina*	凤仙花科 (Balsaminaceae)	南亚至东南亚
161	凤眼莲	*Eichhornia crassipes*	雨久花科 (Pontederiaceae)	巴西
162	红花酢浆草	*Oxalis corymbosa*	酢浆草科 (Oxalidaceae)	热带美洲
163	黄木犀草	*Reseda lutea*	木犀草科 (Resedaceae)	西亚至地中海
164	火炬树	*Rhus typhina*	漆树科 (Anacardiaceae)	北美洲
165	阔叶丰花草	*Spermacoce alata*	茜草科 (Rubiaceae)	热带美洲
166	落地生根	*Bryophyllum pinnatum*	景天科 (Crassulaceae)	马达加斯加
167	麦蓝菜	*Vaccaria segetalis*	石竹科 (Caryophyllaceae)	欧洲至西亚
168	蛇婆子	*Waltheria indica*	梧桐科 (Sterculiaceae)	热带美洲
169	土荆芥	*Chenopodium ambrosioides*	藜科 (Chenopodiaceae)	热带美洲
170	土人参	*Talinum paniculatum*	马齿苋科 (Portulacaceae)	热带美洲
171	五叶地锦	*Parthenocissus quinquefolia*	葡萄科 (Vitaceae)	北美东部
172	香膏萼距花	*Cuphea alsamona*	千屈菜科 (Lythraceae)	巴西

序号	物种名	学名	类别	起源
173	小叶冷水花	*Pilea microphylla*	荨麻科 (Urticaceae)	热带美洲
174	野老鹳草	*Geranium carolinianum*	牻牛儿苗科 (Geraniaceae)	北美洲
175	长春花	*Catharanthus roseus*	夹竹桃科 (Apocynaceae)	马达加斯加
176	紫茉莉	*Mirabilis jalapa*	紫茉莉科 (Nyctaginaceae)	巴西
动物部分				
1	麝鼠	*Ondatra zibethicus*	仓鼠科 (Muskrat) 兽类	北美洲
2	水貂	*Mustla vison*	鼬科 (Mustelidae) 兽类	北美洲
3	褐家鼠	*Rattus norvegicus*	鼠科 (Muridae) 兽类	东南亚
4	小家鼠	*Mus musculus*	鼠科 (Muridae) 兽类	欧洲
5	美国白蛾	*Hyphantria cunea*	灯蛾科 (Arctiidae) 昆虫	北美洲
6	稻水象甲	*Lissorhoptrus oryzophilus*	象甲科 (Curculionidae) 昆虫	美国密西西比河流域
7	美洲大蠊	*Periplaneta americana*	蜚蠊科 (Blattidae) 昆虫	非洲热带或亚热带地区
8	湿地松粉蚧	*Oracella acuta*	粉蚧科 (Pseudococcidae) 昆虫	美国佐治亚洲
9	松突圆蚧	*Hemiberlesia pitysophila*	盾蚧科 (Diaspididae) 昆虫	日本冲绳诸岛、先岛诸岛
10	豌豆象	*Bruchus pisorum*	豆象科 (Bruchidae) 昆虫	地中海沿岸
11	蔗扁蛾	*Opogona sacchari*	辉蛾科 (Hieroxestidae) 昆虫	非洲热带、亚热带地区
12	小楹白蚁	*Incisitermes minor*	木白蚁科 (Kalotermitidae) 昆虫	美国加利福尼亚州
13	大头蚁	*Pheidole megacephala*	蚁科 (Formicidae) 昆虫	非洲南部
14	落叶松球蚜	*Adelges laricis*	球蚜科 (Adelgidae) 昆虫	——
15	青杨天牛	*Saperda populnea*	天牛科 (Cerambycidae) 昆虫	——
16	食蚊鱼	*Cambusia affinis*	胎鳉科 (Poeciliidae) 鱼类	美国南方、中美洲和西印度群岛
17	虹鳟	*Oncorhynchus mykiss*	鲑科 (Salmonidae) 鱼类	美国加利福尼亚州
18	罗非鱼	*Oreochromis niloticus*	丽鱼科 (Cichlidae) 鱼类	非洲
19	沙饰贝	*Mytilopsis sallei*	饰贝科 (Dreissenidae) 软体动物	中美洲
20	非洲大蜗牛	*Achatina fulica*	玛瑙螺科 (Achatinidae) 软体动物	非洲东部沿岸

序号	物种名	学名	类别	起源
21	福寿螺	*Pomacea canaliculata*	瓶螺科 (Ampullariidae) 软体动物	南美亚马孙河流域
22	瓦伦西亚列蛞蝓	*Lehmannia valentiana*	蛞蝓科 (Limacidae) 软体动物	欧洲伊比利亚半岛和非洲西北部
23	克氏原螯虾	*Procambarus clarkii*	蝲蛄科 (Astacidae) 软甲动物	中美洲、南美洲、墨西哥东北部地区
24	牛蛙	*Rana catesbeiana*	蛙科 (Ranidae) 两栖类	北美洲
25	灰链游蛇	*Amphiesma vibakari*	游蛇科 (Colubridae) 爬行类	日本